“如果设计能够使人类的生活更为安全，舒适，更能产生购买欲望——或者仅仅是令人感到更加快乐，那么设计师就已经取得成功了。”

——亨利·德雷福斯(Henry Dreyfuss)

自从1959年这本具有里程碑意义的著述首次出版以来，亨利·德雷福斯事务所使无价的人体尺度资源得以流传，并且使之处于人体测量学研究的前沿。此次新修订的版本仍然延续了这一特色。

《设计中的男女尺度》通过详细的文字、便捷的表格材料以及200余幅人体测量学的图片为儿童、青年、成年男性与女性、老年人提供了最新的测量尺度与信息。数据和指标也包含了视力与听力受损者、坐轮椅者和其他不同类型的残疾人士。所有的测量尺度都以英制和公制两种单位呈现，反映了从第1到第99百分位数范围的人类尺度。

这一修订版本的特点包括：

• 围绕数字工作环境问题阐述重要信息；
• 符合国际通用标准的规定；
• 是ErgoForms网站提供的人体尺度和人体要素的示范版本；
• 由史蒂芬·B.威廉克斯博士(Stephen B.Wilcox，Ph.D)撰写的序言。

除了人体尺度，《设计中的男女尺度》还提供了腰部、脖子、四肢及所有与物品和空间设计相关的身体其他部分的生长比率和活动范围。这里的许多材料集中于影响设计的安全性问题，以及灯光、噪音、温度、色彩甚至辐射等环境要素。本书广泛的涉猎内容也包括设计走廊、坡道、洗浴设施、办公场所等实用信息和尺度。

《设计中的男女尺度》对于室内设计师、建筑师、产品设计师、相关专业学生以及工业设计师都具有极其重要的参考价值。

亨利·德雷福斯事务所(Henry Dreyfuss Associates)，是纽约重要的设计公司，70多年来一直从事人类测量学数据的开发，搜集并出版了人类测量学的所有重要尺度，并且阐述了与环境设计的关系。

阿尔文·R.狄里(Alvin R.Tilley)(1914–1993)，从事人类工程学研究40多年的专家，被公认为世界上人类因素研究方面最具有权威的专家之一。狄里是书中全部数据的编纂者，《人体比例》(*Humanscale*) 一书的合著者之一，同时也是本书的前身《人体尺度》(*The Measure of Man*)一书的主要作者。

设计中的男女尺度（修订版）

The Measure of Man & Woman:Human Factors in Design

阿尔文·R.狄里(Alvin R. Tilley)
亨利·德雷福斯事务所(Henry Dreyfuss Associates)　编
魏泽崧　译
刘大馨　审校

天津大学出版社
TIANJIN UNIVERSITY PRESS

图书在版编目(CIP)数据

设计中的男女尺度/(美)狄里,美国亨利·德雷福斯事务所编;魏泽崧译.—天津:天津大学出版社,2008.8
ISBN 978-7-5618-2718-5

Ⅰ.设... Ⅱ.①狄… ②美… ③魏… Ⅲ.人体测量-图集
Ⅳ.Q984-64

中国版本图书馆 CIP 数据核字(2008)第 105676 号

出版发行 天津大学出版社
出 版 人 杨欢
地　　址 天津市卫津路 92 号天津大学内(邮编:300072)
电　　话 发行部:022-27403647　邮购部:022-27402742
网　　址 www.tjup.com
短信网址 发送"天大"至 916088
印　　刷 北京佳信达艺术印刷有限公司
经　　销 全国各地新华书店
开　　本 250mm×250mm
印　　张 8 2/3
字　　数 460 千
版　　次 2008 年 8 月第 1 版
印　　次 2008 年 1 月第 1 次
印　　数 1-3 000
定　　价 65.00 元

目 录

前 言

亨利·德雷福斯事务所（Henry Dreyfuss Associates），作为一家工业设计咨询机构，引导将人类因素资讯应用于生产发展已经有六十多年的历史了。现在全面修订了公司1960年出版的里程碑式书籍——《人体尺度》（*The Measure of Man*），这本书代表着公司努力的巅峰，他们为满足设计师、建筑师和工程师的使用需要不断收集并出版最新的信息。《设计中的男女尺度》（*The Measure of Man and Woman*）汇集了能够协助设计师创造产品与环境，从而更好地满足人们使用需要的最重要信息。我们希望通过运用这些数据，帮助世界各地的人们去更好地寻求安全、舒适和满意的生活。

近年来的工作包括编纂与整合数据信息以适合于不同行动能力的残疾人群、孕妇和儿童。在此书问世之前并不存在为这些群体服务的完整、实用的书籍。

推动《设计中的男女尺度》问世的关键人物，就是应用人类测量学方面世界级专家之一的阿尔文·R.狄里先生（Alvin R.Tilley）。通过将大量调研数据的整合，狄里创造了一系列对于专业设计人员来讲必不可少的参考工具。他曾是《人体尺度》、1974年出版的《人体比例1/2/3》（*Humanscale 1/2/3*）以及1981年出版的《人体比例4/5/6》（*Humanscale 4/5/6*）和《人体比例7/8/9》（*Humanscale 7/8/9*）合著者之一，他提供了详细的而且易于使用的人体尺度图表。在本书中他依然保持这种手法。无论男女，年轻人或是老年人，大个或小个，专家已对他们在各种不同环境条件下的大多数身体姿态进行了研究，并细致地进行了描绘。（编者注：阿尔文·R.狄里不幸于1993年7月本书出版之前去世。）

其他对本书出版做出重要贡献的德雷福斯事务所的同人包括：布莱德·艾格瑞（Brad Agry）、约翰·麦克法兰（John McFarlane）、吉姆·瑞安（Jim Ryan）、丽贝卡·西姆斯（Rebecca Simms）和威廉姆·温格尔（William Wenger）。

序 言

史蒂芬·B.威廉克斯博士(Stephen B.Wilcox,Ph.D)

我很荣幸地受邀为《设计中的男女尺度》一书的修定版撰写序言，它是满足人们生产与环境需求的传统工具。下面，我将《设计中的男女尺度》置于它代表的规则背景之中，简要讨论一下它的历史价值与重要性，并且描述一些在本书第一版出版后出现的阐述人类尺度主题的其他研究方法。

人类测量学(Anthropometry)

人类测量学是对人体外形与尺度的研究，正如1995年约翰·A.罗巴克(John A. Roebuck, Jr.)所下的定义：

“(它是一门)确立起实体几何学、质量性质和人体力量能力的度量科学和应用艺术。这一名称起源于希腊语的‘人’(anthropos)，意指人类；以及希腊语的测量(metrikos)一词。”

依据史蒂芬·菲森特(Stephen Pheasant)1996年的研究，人体测量学的历史可以追溯到文艺复兴时期。他引用了阿尔布雷特·丢勒(Albrecht Dürer)的《人类比例四书》(*Four Books of Human Proportions*)，丢勒通过图例描述了各种各样的人体以及列奥那多·达芬奇(Leonardo da Vinci)的古典绘图。但是，普遍认为：该领域起源于体质人类学(physical anthropology)——一门在19世纪出现的学科，它主要关注不同人种起源的人们之间的身体差异。为体现出这种比较，必然要发展两套测量工具：

①通过个体获得的数据测量技术；

②将个体信息转换为概括性数据的统计学方法，从而捕捉到群体特征。

这样，由19世纪自然人类学家发展起来的大多数基本的人类测量学技术，我们今天仍在继续使用。他们指明了如何能够限定身体的解剖姿态，允许在给定距离范围内进行持续的(例如可重复性)测量。如果你曾努力地测量胳膊的长度，你会知道那不是一个小问题。[从你肩膀某一点到你手腕某一点的长度(假定不包含你的手)你测量过吗？]19世纪体质人类学也发明了概括群组信息的方式，核心概念是百分位数的(percentile)，或是等于或大于一定百分比数字的人口数。

因此人们使用了这种神秘的规律，在少数学术机构之间传递信息；而且最坏的是利用这种使用特权服务一些相当有害的目的，例如表现欧洲人一些“所谓的”基因优势。

军队发现了可以用来决定士兵装备尺寸的人类测量学价值，例如军装、钢盔、轰炸机驾驶舱[赫兹伯格(Hertzberg)，1995]。军队充分利用俘虏资源加以测量，这样他们就能够进行大规模的人类测量学研究。所有这种研究的普遍规律是抽样范围越大，数据就越有效。事实上，这意味着你测量的人越多，你就更有信心比那些随意的错误曲解得到更真实的答案。这也正是为什么军事数据会在人类测量学应用上扮演一个重要的角色。

男人与女人的尺度

亨利·德雷福斯与其他研究人员的才智确保了人类测量学能够作为一种生产—设计工具被得以利用。设计师亨利·德雷福斯与亨利·德雷福斯事务所，是引领人体工程学领域(human engineering)的先锋，人体工程学现在被认作人类测量学的一个分支学科。人体工程学是运用有关人类的知识去从事设计。亨利·德雷福斯与他的事务所并没有大规模搜集整理新的人体工程学数据，而是大量地将这些数据(特别是由军队收集的人类测量学数据)转换为可以被设计师们所运用的优美形式。

自1960年出版《人体尺度》以来，1974年出版《人体比例1/2/3》、1981年出版《人体比例7/8/9》，1993年出版《设计中的男女尺度》，亨利·德雷福斯事务所为广大设计群体提供了事务所多年积累的能够支持设计者设计实践的信息。这类资料使设计受益匪浅，事实是即便不是人手一册，在设计单位的图书室里也至少拥有一本以上这样的资料集。这些资料的重大价值在于：它们是由设计师亲手开发，并专为设计师所使用的。这样，它们被精心完美地设计，以信息资料应用于真实设计实践的预测方式来体现信息数据。

我们特别感谢阿尔文·R.狄里所提供的这些资料。我相信他是首位在工业设计咨询公司中专门从事人体工程学的专家。他的研究成果是亨利·德雷福斯事务所设计理念的体现。阿尔文·R.狄里在公司工作四十余年，已经成为亨利·德雷福斯事务所设计实践活动的一个组成部分。他是《人体尺度》和《设计中的男女尺度》的作者，还是《人体比例》系列书的合著者之一，这些资料集中的许多内容都表现了其具创新性的工作。

修订版的《设计中的男女尺度》给设计师提供了各种高度有效的制造产品或创造环境的信息资源工具。它运用“百分位数人口”(percentile person)的概念提供了平均身体尺度和极端尺度(第1百分位数和第99百分位数)。对于任何设计人员来讲它都是一种重要的工具。

自从第一版出版以来，人们已经开发出多种研究人类测量尺度的工具。我将在其后的内容里介绍一些这样的工具。

传统数据系统

《设计中的男女尺度》是对可获取数据资料的较大范围概括总结。但是,有时也需返回到原始数据,一些好的资料来源包括如下。

菲森特(Pheasant)(1996 年)对于民用人体测量学数据资料来讲是一个巨大的资源。它为美国等许多国家提供了单独的数据,为英国提供了与年龄相关的数据,这一数据与美国的相当接近。

罗巴克(Roebuck)(1995 年)提供了由美国卫生和福利部 (Department of Health and Human Services)提供的,来自于美国民用人类测量学研究的少量概括性数据。它也包含着关于如何收集人类测量学数据的许多有用资料。

《军队手册:美国军事人员人体测量学》(*The Military Handbook:Anthropometry of U.S. Military Personnel*)包含有来自于大量军队研究的最复杂的军事数据资料。

T.格雷纳(T.Greiner)(1990 年)专门提供了手部详细的人体测量学资料。

R.怀特(R.White)(1982 年)专门为脚部提供了详细的人体测量学资料。

由美国汽车工程师协会 (Society of Automotive Engineers)1977 年出版的《为婴儿、儿童和 18 岁以下年轻人产品安全性设计的人体测量学》(*Anthropometry of infants,children, and youths to age 18 for product safty design*) 包含了为孩子们提供的详细人体测量学数据。

人体扫描

传统的人体测量学是二维的。它提供了各种长度尺寸的范围,如《设计中的男女尺度》的内容,努力将这些尺度与正面视域和侧面视域联系起来。所缺少的一个环节是一种实际身体几何图形的三维化(3D)图片。举例来说,我曾努力去探明,假定干衣机放置在一定离地高度上,把干衣机设计成多深才能够允许身材最矮小的妇女够到机器的最深处呢。这本质上是一个三维的问题,而不容易以传统人体测量学数据去解释。

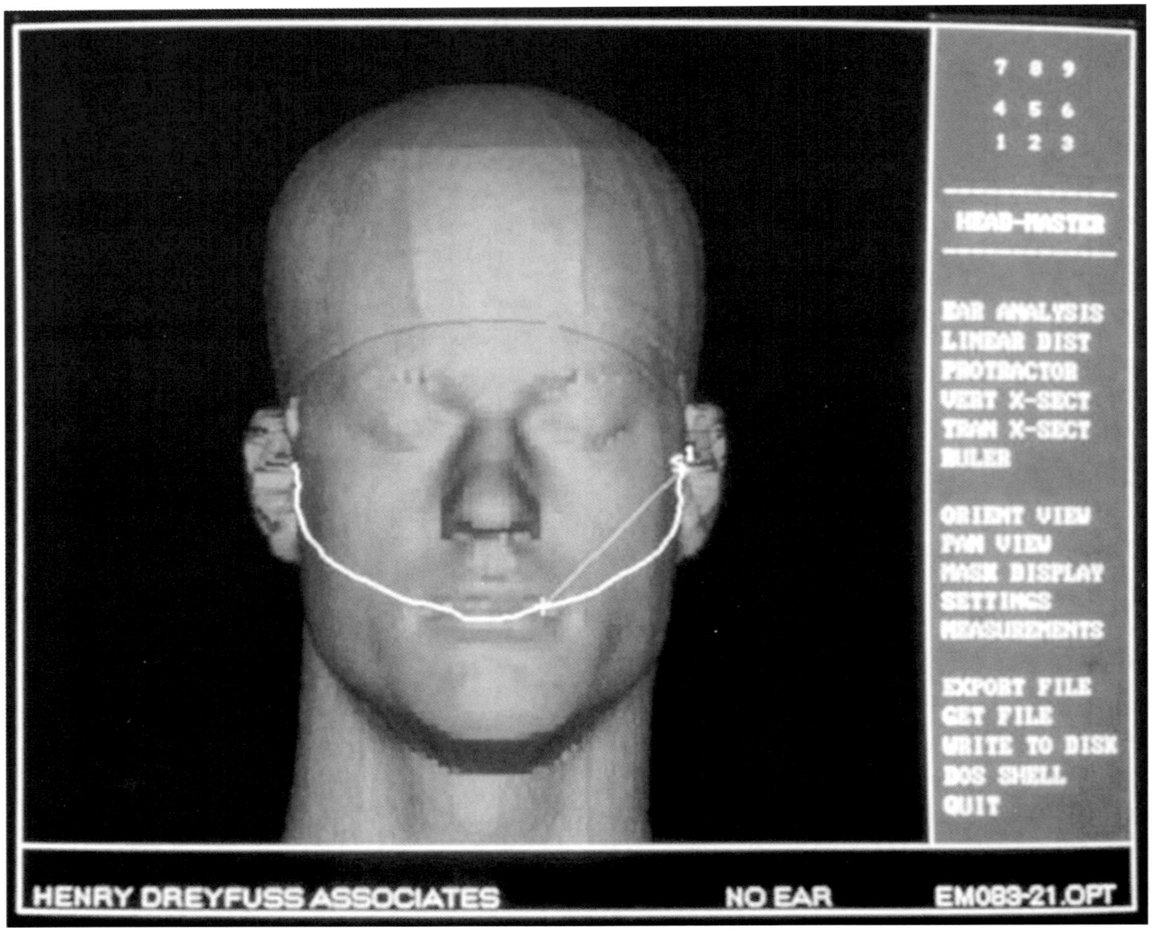

激光人体扫描的例子,用于将人的脑部特性资料数字化。这是研究过程中 **600** 次的头部扫描之一。

围绕这个问题的一种方式是创造实际身体的三维图像。原始的3D方法已经被使用了很多年（石膏模型、笛卡尔的测量体系、多种观点的人体测量学等)。19世纪70年代开始出现对人体扫描[约翰和黎欧克斯(P.Johns and M.Rioux),1977年]。特别是激光扫描技术正在变得越来越精细，并且现在被广泛加以运用。但是,它也有一定的局限性,最重要的是整合人体的完整数据是极端复杂的。然而人体扫描在设计中扮演着一个越来越重要的角色,随着技术的发展,这种趋势将会愈加明显。事实上,人们正在开发大规模的3D数据系统,包括美国国防后勤局(U.S. Defense Logistics Agency)研制的服装研究网络计划（Apparel Resaerch Network program）和美国及欧洲民用体表测量学资料(Civilian American and European Surface Anthropometric Resource)(CAESAR Survey,简称“CAESAR调查”)。

CAESAR是一个使用3D人体测量学技术三维捕捉人体表面数十万个点的合成操作项目。它的目标是提供能够被整合入计算机辅助设计软件包的数据。关于CAESAR的信息资料可以从下列网址获得:http://www.sae.org和http://www.hec.afrl.af.mil/cardlab。

关于人体扫描,至少有八个扫描系统经常在使用。最常用的系统依存于“激光条码”方法(“laser stripe” method);其他方法包括“图形光线投影法”(patterned light projection)和“立体摄影测量术”(stereophotogrammetry)[约翰和黎欧克斯,1977年以及德纳和范·德·渥特(Daanen and Van de Water),1999年]

人体建模软件

3D人体测量学的另一种方法是创造一个实际的三维人体。主要优点是设计者可以用简单的人机工程学来完成使用传统人类测量学数据极为困难的任务——依赖模型可以进入一个限定尺度的干洗机,围绕模型旋转手指并且观察手指需要控制的位置等。这一类型有三个主要的系统。

(1)“杰克”(Jack)最初是由宾夕法尼亚大学开发的,现在工程动画公司(Engineering Animation, Inc)负责销售。“杰克”是能够使使用者在真实环境中定位各种尺寸的数字人,安排任务并且分析他们的表现。“杰克”可以提供关于“他”能够看到和达到的信息、“他”的舒适程度、受伤害的时间及原因,甚至“他”的力量极限等。

这些耳朵的铸件来源于人耳模型,从而能够获取比头部扫描更为详细的数字化激光扫描数据。

（2）“安全工作”（Saftwork，www.safework.com）是另外一种“人体模型”程序。它不具备“杰克”所具有的所有功能，但是它有一种与之根本的区别，它不遵循“百分位数”的概念。“第1百分位数人口和第99百分位数人口”是一种考虑人口极端数据的标准方式（并且，当然地被广泛用于《设计中的男女尺度》），是合理的第一步或者说捷径。但是，它存在着根本的问题——现实中没有人是极端或一贯极端的［麦克康威尔和罗宾特（McConville and Robinette），1981］。采用不同的统计方法出现的极端化人口数量结果实际上都是不同的。一个人可能会又矮又胖，而另外一个人可能腰围比较粗，第三个人则可能是长腿短臂等等。“安全工作”通过发展“边缘模式”（boundary model）概念来研究这些问题，代表着在各个方面极端化的实际人口，来反对那种并不存在的“百分位数人口”。这样，“安全工作”就综合了相关的数据（例如测量在不同尺寸之间关联的数据）和尺寸。举例来讲，这样你能够细化一个尺度（如腿长），并且得到那样腿部长度的人在其他尺度上不同的图片（如臂长）。

（3）RAMSIS（www.hs.tecmath.de/english/ramsis eng.shtml）是另一个重要的人类模型程序，它通常主要运用于汽车工业中。

其他人类测量学软件

“人类尺寸2000”（People Size 2000，www.openerg.com/psz.htm）则代表了人类测量学的另外一种方法。“人类尺寸”，是由开放人体工程学（Open Ergonomics）所创建的，是一个点击查询测量数据的软件包，使用者可以点击相关尺度，然后选择国籍、年龄组和百分位数值。它实际上是一个相对于电子模型的电子文件数据。它包含着来自英国、美国、中国、荷兰、法国、德国、意大利和日本的成人信息；也包含着英国和美国婴儿（0~24月）和儿童（2~17岁）的数据，大部分信息来自于民用资源，例如由美国国家健康和营养检验调查（U.S. National Health and Nutrition Examination Survey，简称NHANES III）所获取的信息。

使用者的检验

暂不考虑所使用的人类测量学工具，用真人去检测一个给定的设计是非常重要的，即施行一定形式的“可用性检测”［Usability testing，参见1993年尼尔森（Nielsen）关于完整的可用性检测］。“真实的”适用性研究可以用人类模型软件（human modeling software）进行，但结果仍有一定程度的理论化，直到有研究人员创造了一个模型，并且用实际的人去检测它。富有挑战性的是用合适的人去检测它。方法之一是在他们尺度范围之内（例如：身材、手的尺寸）找出极端化的个体去检测确定极限。当然，这些个体并不可能代表所有类似他们身材的人的其他尺度，但至少提供了一个“明智的检测方法”适应于我们所了解的“第1百分位数或第99百分位数人口”的实例。另外，如果没有数据作依据，很难预测舒适和“自然”的感觉。

但是过分完全依赖这些检测方法可能会造成可怕的错误。需要超越一些仅凭感官的判断方法，这正是出版《设计中的男女尺度》（修订版）的原因。另一方面完全依赖于没有真实世界验证的数据恰恰是错误的。

甚至最基本的模型也会在设计概念上提供有价值的反馈，并且揭示使用者检测过程中的缺陷。

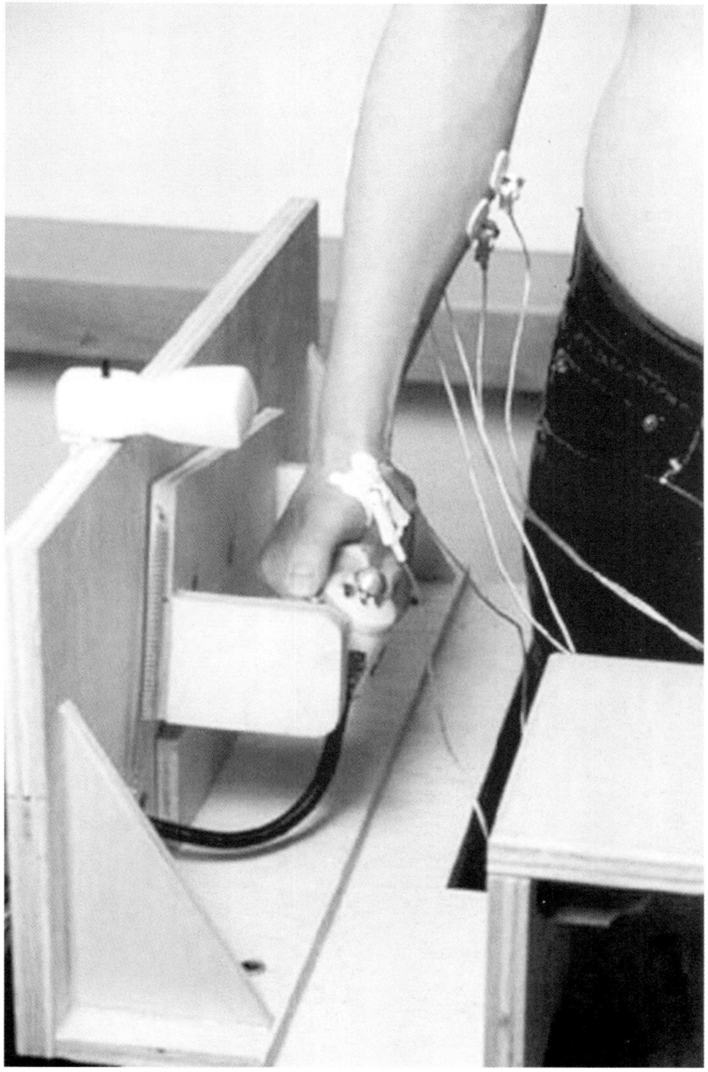

◀使用者正在检测一个多功能控制手柄。生物力学的评价包括电子肌肉描记图，用来测量在检验变化过程中肌肉的紧张程度。

▼最终定型车辆上的多功能控制器。

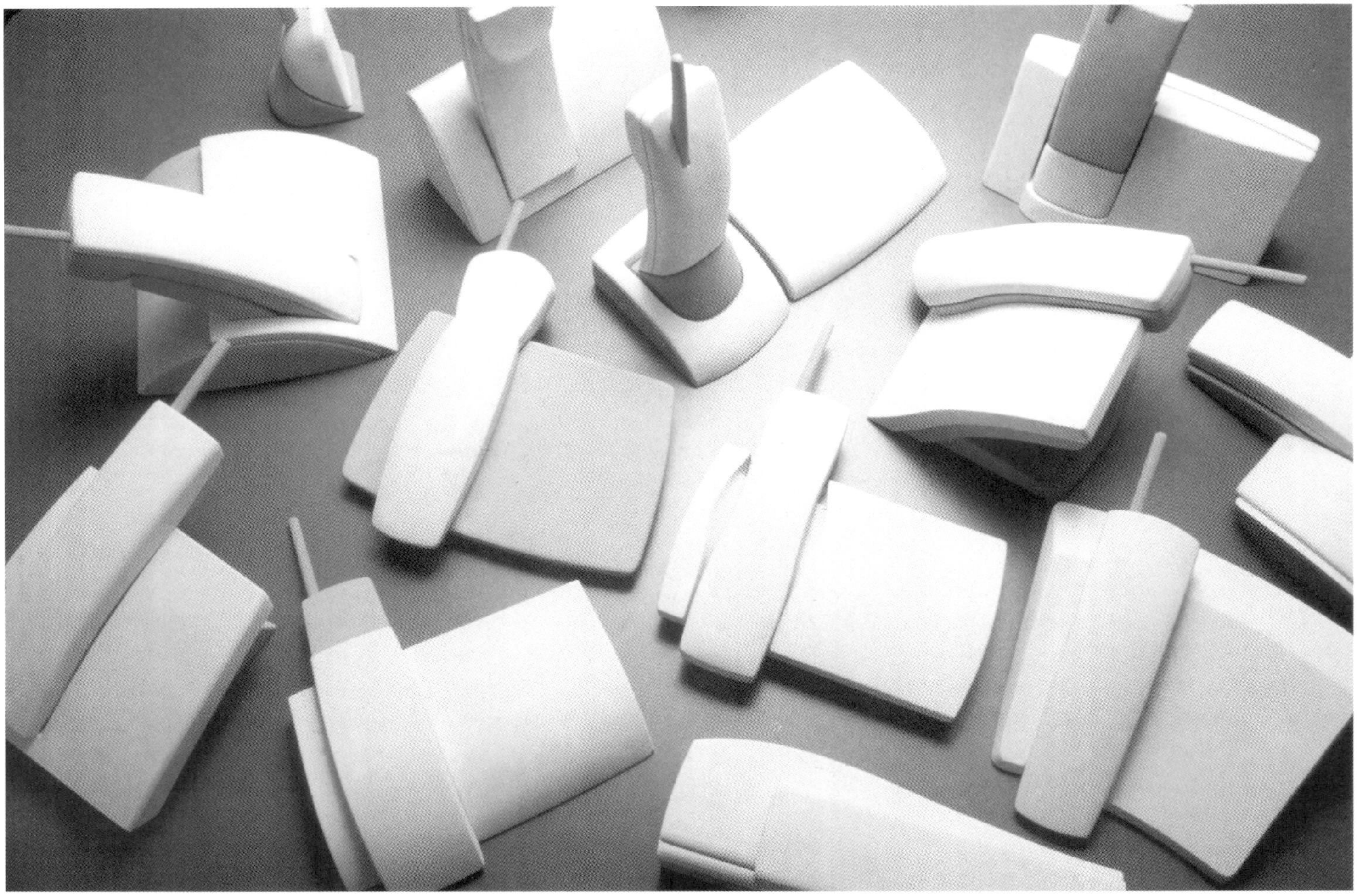

当设计一个手持产品如电话机时，使用模型来评价感觉和加工试验是重要的手段。

结论

概括地说，《设计中的男女尺度》（修订版）是一件宝贵的工具，它最大的优点之一便是提供了清晰、可供使用的信息，能够直接运用于与设计相关的决策。本书的上一版本曾经仅仅是设计者所需要的人体测量学工具，而今天，它更可能被应用于与提供了三维人体测量学的其他工具相结合。

人类因素:简史

“人类因素”(human factors)术语包含着生理学和心理学两方面的因素，涵盖着影响人们使用工具或在人工环境中工作的表现。例如，敏锐的视觉、听觉、触觉、温度和湿度都是影响其表现的十分重要的因素。但是，也要同时考虑人员的训练程度、饮食状况以及其他因素。人类因素是一个逐渐积累数据资料的领域。

《设计中的男女尺度》是人类因素领域中的自然产物，它已被证明对于工程师、建筑师、工业设计师、室内设计师、手工艺人、艺术家和学生都是有益的。

为人类劳动提供便利的设计开始于史前的工具创造。在东非肯尼亚发现了距今一百万年以前的原始人骨骸，其中包括骨头和石制工具。拇指工具(thumb tools)可能用于刮削动物表皮，而手掌工具(hand tools)可能用于更沉重的工作，那时工具已经成为手的延伸。

弓和箭进一步延伸了手臂。弓设计用来加强猎人或战士的力量。箭的长度被设计来实现弓可以达到的最大射程。由于制作材料易于腐烂，这类工具起源的年代肯定已经不为人知了。

土耳其的加泰土丘(Catal Huyuk)出土了 9 000 年前的黑曜石镜子。锋利的、带凹口的边缘被一个类似石膏的材料所包覆，以保护使用者或提供舒适感。4 000 年以前，巴基斯坦西部的摩亨佐-达罗(Mohenjo-Daro)开始使用战车。战车设计适合驾驶者和射手肩并肩乘坐的需要。空间必然限定了车轮的间距——类似于标准的四轮马车车辙和早期的铁路铁轨标准。

古代人们利用腕尺（肘到中指指尖）实施测量工作，古埃及人发明了椅子、具有通风性的床、快速四轮马车、适于航海的船只等。与之类似，到中世纪，测量采用身体的某一部分来确定长度，座位高度将等于五个拳头或半个腿长。

不到两百年以前机器时代到来了，100 年前，出现了时间与运动工程学（time-and-motion engineering）。在现代的早期阶段，设计者优先考虑机器设计的需要，而最后才考虑操作者。例如，早期的飞机只为身材矮小的操作者设计了有限的空间。当矮小的操作者逐渐稀少时，就要考虑能够容纳更多不同身材尺度操控者的空间场所，人机工程学的概念便应运而生了。

人机工程学（鉴于人类因素被其他的军事机构所使用，美国陆军使用了“人机工程学”这一术语）是人和机器之间的联系，或者说是通过后者对前者的延伸。第二次世界大战前，工程师和建筑师已经掌握了一些身体的参考指标（爬梯子和楼梯的空间、维修通道的空间、用餐的空间）；这些都常常依据于普通人的数据。数据测量是由美国农业部和公共事业振兴署(Works Progress Administration)进行的，同时也参考了服装类型尺寸，但是这些测量大部分对于人机工程学没有什么用处。

第二次世界大战需要新的、复杂的战争机器；“是机器，而非人，赢得战争”的概念，让位于有效的人-机关系概念。不久以后，人们开始参考心理学、工程学、人类学和生理学等其他学科。美国国防部公布了为陆军设计军事装备的人机工程学标准以及用于空军及海军的人类因素信息，其中也包括有关潜艇的数据。这项数据覆盖了 90%可服役的成年男性。部队的军事装备设计成更小的轮廓保证更大的战斗安全性。

一份对美国历次战争期间士兵身高测量的比较表明，身高每 10 年增高 0.4 英寸(1 厘米)。

直到 20 世纪 60 年代，系统的信息搜集工作还在进行，美国卫生、教育和福利部（U.S. Department of Health, Education and Welfare)出版了“成年人体重、身高和精选的身体尺度”(Weight, Height, and Selected Body Dimensions of Adults)数据。但是这种民用数据信息没有军用数据信息那样全面，而后在 70 年代，美国汽车工程师协会对从两个月大的婴儿到 18 岁的青少年作了一次非常有价值的调查。

80 年代，老年人已明显占人口中的很大比例，研究人员也开始对他们的身体尺度测量。因此，90 年代美国《残疾法》(Disabilities Act)正式成为法律，并且禁止歧视残疾人。这一法案制定了针对乘坐轮椅者、盲人及视弱者、聋人及听力受损者的保护措施及可行性的规定。

今天的设计师必须有人口整体性的意识。国际航空旅行和工业、农业设备设计要满足全世界人口的人体测量学研究的需要。

认识科学(cognitive science)现在也活跃于设计领域，它研究人的心情：意识、设计决策、困难性及相关问题。

美国 1956 年成立了人类因素协会（Human Factors Society)；六年后，英国建立了人机工程研究协会(Ergonomic Research Society)。“人机工程学”(ergonomic)这个术语来源于希腊语“ergos”(意指工作)和“nomos”(意指自然的法则)，它越来越多地作为人类因素的整体来应用。与“人类因素”同义，表达相近意义的“应用人类因素”(applied human factors)、“人类因素工程学”(Human factor engineering)、“应用人机工程学”(applied ergonomics)、“人体工程学”(ergonomics)等，已成为几乎全球性的通用术语。

人体测量学，

或男人、女人和儿童的测量

测量系统

在搜集身体及其组成部分的尺度、运动极限与强度等数据资料时——所有这些都需要确立人与机器之间的联系和其他设计要求——需要使用大量的测量设备。这些常常类似于工程师或雕塑家在他们的工作中所进行的测量。

◆人体测量仪类似于一个高度测量装置，可以直接读取上下比例和内外几种尺寸。大型的测量仪用来测量身体与腰部的高度。中型的用于测量坐高、膝高、臀部到膝盖以及类似的间距。小型的用于测量从脊柱到头之间的面部特征。

◆一个直接读取数据的滑动式测径器(sliding calipers)用于测量身体的宽度与厚度。小号的测径器用于测量手部的各组成部分以及耳朵和嘴的宽度，并确定二头肌和手臂的宽度。

◆直接读取数据的伸展式测径器(spreading calipers)用于测量头部的宽度与深度。

◆测量膝盖高度的特殊块规尺(block ruler)。

◆带有刻度的盒式足部量测器(foot-measuring box)。

◆灵活的卷尺用于测量身体周长及其他应用于服装设计的尺度。

◆模板用于测量手指直径。

◆体重计用于测量身体的重量。

◆测力仪用于测量力量。

◆量角器用于测量角度。

由于采用了多种测量工具，使人体测量学需要花费更多的时间与成本。民用数据不够完善，军队搜集整理了最完整可靠的信息。直到最近，通过添加包括光学扫描仪等在内的数字化仪器，测量技术已获进一步的完善。

美国汽车工程师协会 1977 年出版了一本名为《为婴儿、儿童和 18 岁以下年轻人产品安全性设计的人体测量学》的书。在这次调研中，由环绕着电位器的电缆所产生的输出信号可以直接读取并输入计算机。改进的测径器和人体测量器配置了数套指示器及其他附加设备以减少使用工具的数量。身体的周长利用按下按钮即可记录长度的卷尺来测量。

有时侯，一些特殊的尺度测量需要采用标准测量设备，在这种情况下，通常需要人体测量学家的参与，使数据资料输入计算机。重要的数据需要对所有受测对象加以测量；而次要的数据则是随机测量，这样减少了时间与经费。

计算机辅助人体测量学将会在屏幕上完美地呈现出静态与动态的图像。

抽样人口

大的国家——如美国需要较大范围的抽样，例如：男人与女人各抽 2 000 至 4 000 人。大量的人口抽样令测量产生更高的准确度。

在全国进行的测量包含着下列数据资料：

◆出生地；

◆年龄；

◆用手习惯(左、右或者双手均可)；

◆色彩辨别力；

◆血统；

◆女子初潮年龄(首次月经)；

◆人口统计和经济因素。

测量

有几种标准的测量设置：

◆被测量者背靠后背板站立，保持直立的人体姿态，人体的重量平均分布，并且手臂、手指和胳膊都完全伸直，身体保持直立而不僵硬。水平的测量尺会有助于面部的测量。

◆被测量者笔直地坐于水平表面上，调整胫骨保持身体垂直，接近于——但并不是压在腿的弯曲处(腘窝)。身体的重量平均分配，躯干垂直而不僵硬。

◆在上两种方式下，头部都是垂直的，并且测量是通过保持法兰克福线(Frankfort line)水平确定的——通过连接耳孔与眼窝处的下面部分实现。

◆被测量者仰卧在一个水平面上。这个测量姿态适用于不满 24 个月不能直立的婴儿。在这种情况下，身高(即直立高度)的测量即是测量从头到脚的长度。

优先考虑骨节之间和身体端部的测量(例如，从肘部到指端)。对肌肉的测量不可能完全精确。身高和身体其他高度是垂直尺寸，宽度(幅度)是水平的尺寸。而厚度测量则是从前向后的水平测量。在两个标记点之间的距离测量，可以为任意方向。身体或身体组成部分的周长通常是对站立着的被测量者的横向测量。其他测量是为服装设计所做。

百分位数

身体尺寸可以依照如下的方法绘制成一条曲线：x 轴表示测量长度，水平向右逐渐增大；y 轴表示发生频率，竖直向上逐渐增加。由此，可以得到一条表征了不同身高的人平均尺度特点的光滑曲线，形状呈现为钟形(称为“高斯分布”或“正态分布 ”)。在这一情况下，平均值(mean)、中间值(median)与最频值(mode)完全重合。平均值是算术平均值，中间值是一个系列数字的中间数字，最频值则是最常出现的数值以及曲线上的最高点。如果准备测量重量或肌肉(例如，臀部的宽度、深度或腹部的厚度)，所形成的曲线并非是对称的——曲线的顶部是偏移中心的。这条曲线被称为一条“不对称曲线”(skew curve)。在这种情况下，平均值、中间值与最频值是不重合的。源于一个侧面的数据并不一定必然与其他侧面的数据一致。举例来说，一个身材矮小的女人可能会有一个小或大的臀宽或者臀深等。当为一个“标准人”(average person)进行设计时这个信息值得考虑。

每个人的尺度都有他与常规不符的特点。处于正常曲线两端的少数人其尺度数值可能极端特殊，导致一个包容广泛的设计由于范围过大或过于昂贵而难以实施。军队选择在小大两端各排除掉5%,这样制定的军事标准可以覆盖90%的受测人口。5%的数值称为"5百分位数",95%的数值称作"95百分位数"。任何其他的百分位数值我们可以从下表中进行选择(该表用于估测不同百分位数对应的高度)。

百分位数评定表

百分位数	包括在内的%
99.9 =平均值+(3×*SD*)	99.8
99.5 =平均值+(2.576×*SD*)	99
99 =平均值+(2.326×*SD*)	98
97.5 =平均值+(1.95×*SD*)	95
97 =平均值+(1.88×*SD*)	94
95 =平均值+(1.65×*SD*)	90
90 =平均值+(1.28×*SD*)	80
85 =平均值+(1.04×*SD*)	70
80 =平均值+(0.84×*SD*)	60
75 =平均值+(0.67×*SD*)	50
50 =平均值	
25 =平均值-(0.67×*SD*)	50
20 =平均值-(0.84×*SD*)	60
15 =平均值-(1.04×*SD*)	70
10 =平均值-(1.28×*SD*)	80
5 =平均值-(1.65×*SD*)	90
3 =平均值-(1.88×*SD*)	94
2.5 =平均值-(1.95×*SD*)	95
1 =平均值-(2.326×*SD*)	98
0.5 =平均值-(2.576×*SD*)	99
0.1 =平均值-(3×*SD*)	99.8

SD=由下面的公式所建立的标准偏差:

其中 $SD=\sqrt{\frac{\Sigma(d)^2}{N}}$

Σ=总和

d=某一个人的测量尺度与那一测量的数学平均值之间的区别

N=调查中的人数

每次测量与每次抽样之间都存在特有的标准偏差。

我们选择满足98%美国人口的需要进行民用产品的设计,也就是第99百分位数至第1百分位数之间的人口。任何小的百分位数都排除了许多高个子的操作者。而事实表明:加拿大和美国操作农业设备的农民比普通人更高、更胖[凯西(Casey),1989]。他们95百分位数的身高为75.6英寸(1 920mm),它与我们99百分位数的男性数据资料相一致并因此被包括在内。

如果选择一个不同的百分位数,标准偏差可以通过本书人类测量学表中的数据资料来计算。

例如:

2.326标准偏差=99百分位数人的身高-平均身高

标准偏差=6.5英寸/2.326=2.8英寸(71毫米)

或者

2.326标准偏差=平均身高-1百分位数人的身高

标准偏差=6.5英寸/2.326=2.8英寸(71毫米)

人体的差异性

任何两个人都不是完全相同的,甚至包括双胞胎在内。对设计者而言,巨大的差异性是一个难题。人类的差异性大体包括三类(美国宇航局,1978)。

①本身变化:随着年龄的变化,人的身材也在变化。部分改变是由于年龄和/或营养原因;其他变化是由运动和/或环境导致。面部和身体通常是不对称的。这可能是一些人不喜欢拍照的原因,他们更习惯于看到镜子里左右形象颠倒的自我。

②个人之间:性别、人种和种族之间存在巨大差异,区别包括皮肤颜色、眼睛和头发的颜色,身体的比例及其他特征。

③长期的变化:人类代与代之间由于各种原因发生的改变。但是这种改变的速度相对减缓,它们对于设计者造成的影响有限。

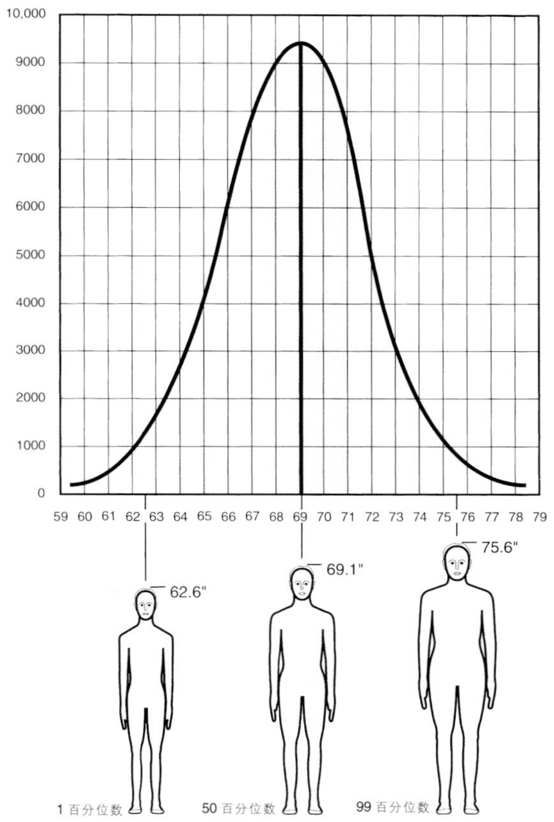

频率分布曲线

责编注：本书中全部测量尺寸均给出了英制和国际单位制两种数据。

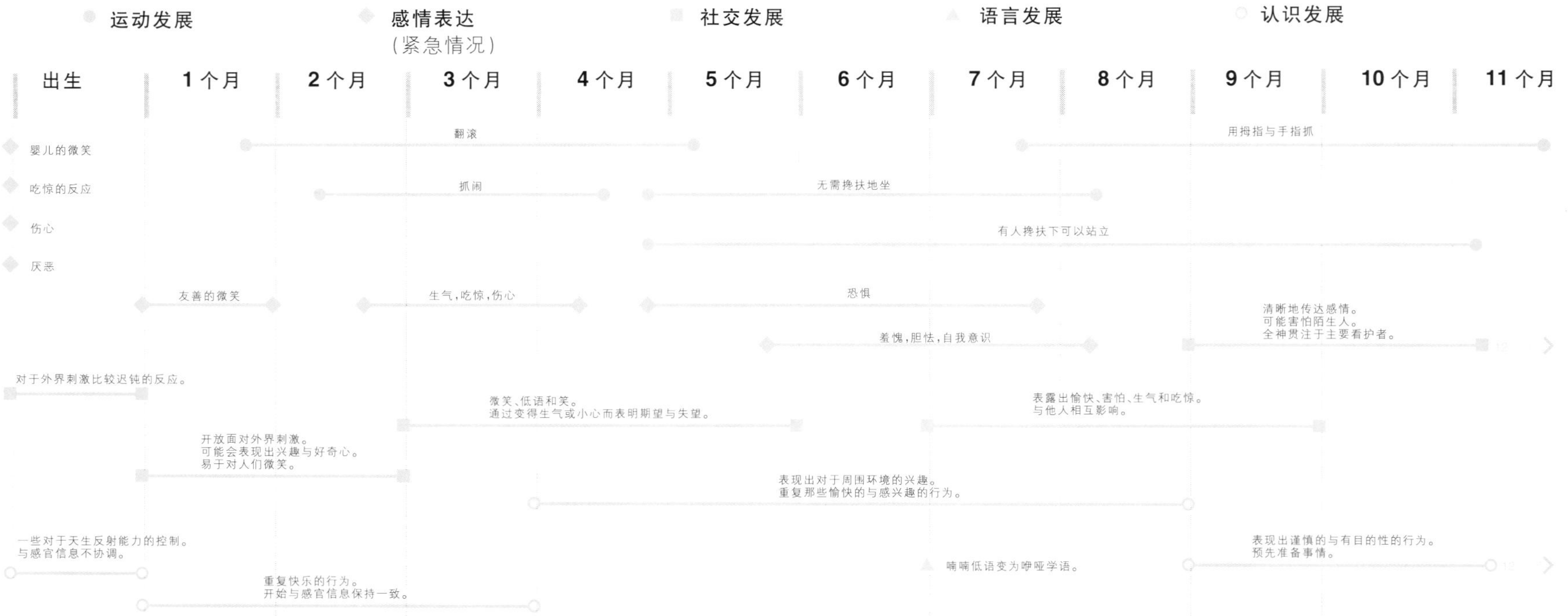

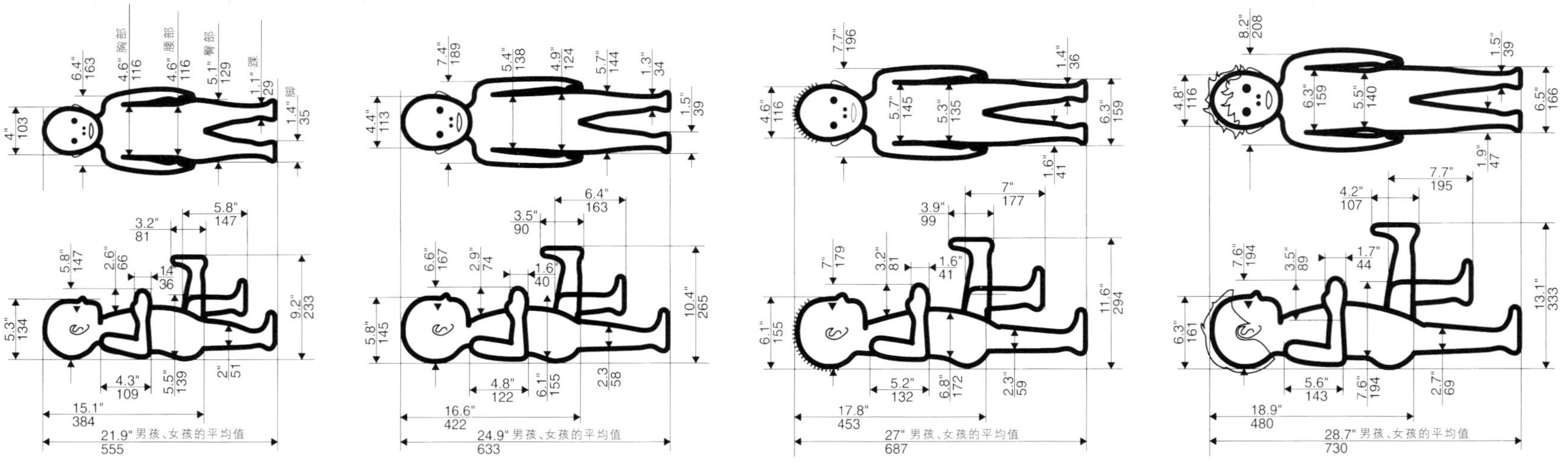

2 个月
平均体重：10.3 磅（4.7 千克）

3~5 个月
平均体重：14.7 磅（6.7 千克）

6~8 个月
平均体重：17.6 磅（8 千克）

9~11 个月
平均体重：20 磅（9.1 千克）

图 1 婴儿的测量尺寸

12 个月	13 个月	14 个月	15 个月	16 个月	17 个月	18 个月	19 个月	20 个月	21 个月	22 个月	23 个月

- 独自站立
- 能够说出 3~50 个词汇。发音模仿谈话的声音方式与语调。
- 行走
- 原地跳跃
- 可以一个摞一个地放置东西
- 掌握超过 50 个的词汇量。经常使用两个词的短语。停止了咿呀学语。
- 开始声音的模仿。理解一些词汇。
- 上台阶
- 表达轻视和内疚
- 初学走路的孩子可能会由于脱离了保护者而紧张。通过想象、玩耍和成年人的指点来适应环境。
- 探查环境。在所熟悉的环境中逐渐脱离了看护者。
- 使用语言描述事物。表现出最初的想象力与洞察力。
- 表现出好奇心。摸索。
- 通过不断摸索来解决问题。不可能想象一些没有见到的事物。

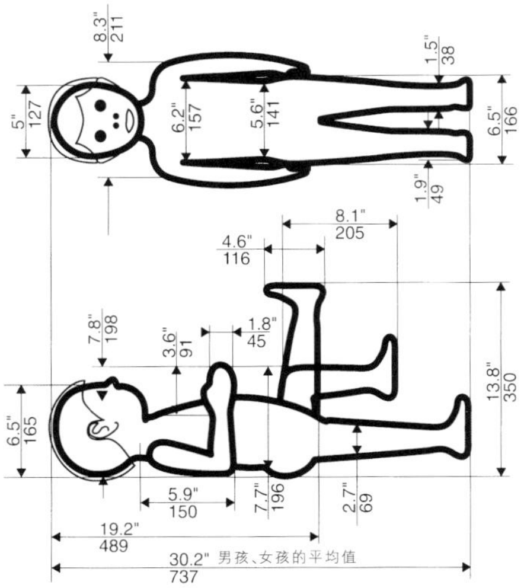

12~15 个月
平均体重:22 磅(10 千克)

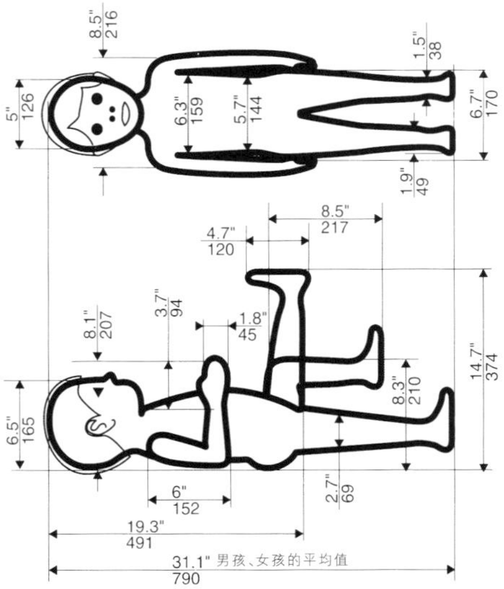

16~19 个月
平均体重:23.3 磅(10.6 千克)

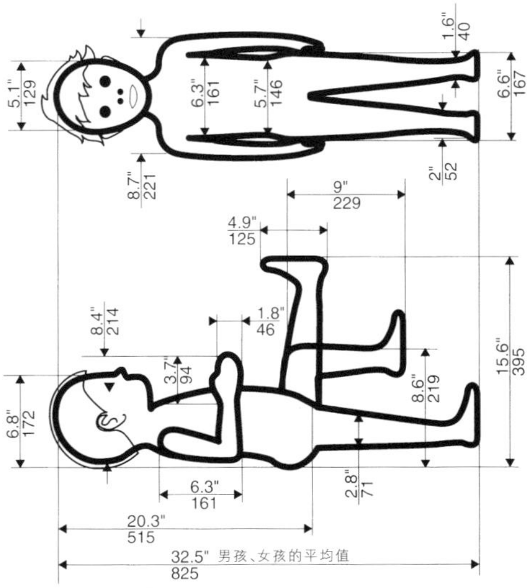

20~23 个月
平均体重:25.5 磅(11.6 千克)

婴儿的测量尺寸 图 2

运动发展　社交发展　语言发展　认识发展

2.5~3 岁

- 不能急转弯或急停
- 可以跳跃 15 到 24 英寸的距离
- 可以独立交叉迈步攀登楼梯

4 岁
女孩子身材高于男孩子

- 能更自如地止步、起步和转身
- 可以跳跃 24 或 33 英寸的距离
- 在搀扶下，可以交叉迈步走很长的台阶

开始说话，在交流上有了引人注目的突破。

孩子们认为他或她的观点是唯一可能存在的事实。

几乎每天学习新词汇。
虽然还是孩子但理解力出色，
在语法上还是会出现错误。

词汇量达到 1000 个，大约其中 80%可以理解。
语法与成年人说话相接近，并且句法错误很少。

逻辑思维的基础：孩子们能够在没有见到的情况下去考虑物体、人或事情，使用头脑描绘它们，
但是，他们尚不能运用这些描述。

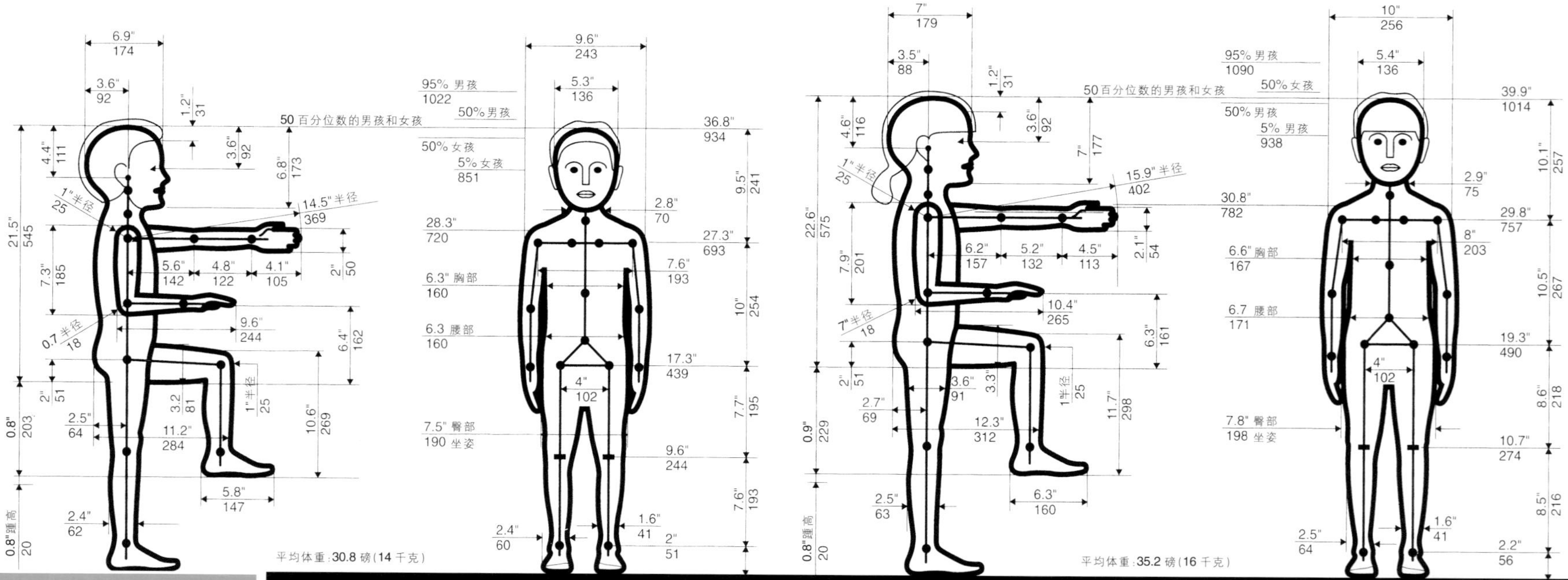

图 3　儿童的测量尺寸

5 岁

- 能够在游戏中自由地起步、转身和止步
- 通过助跑可以跳 **28** 至 **38** 英寸的距离
- 可以在无帮助的条件下交叉迈步走很长的楼梯

6 岁

- 女孩子在运动行为的准确性上具有优势。
  男孩子在力量方面具有优势，但动作较为简单。
- 能够投掷适当重量的物品

孩子认为他/她自己的观点是唯一可能存在的事实。

孩子不仅通过感觉和行为去学习，而且也通过思考去学习。
基本理解因果关系。

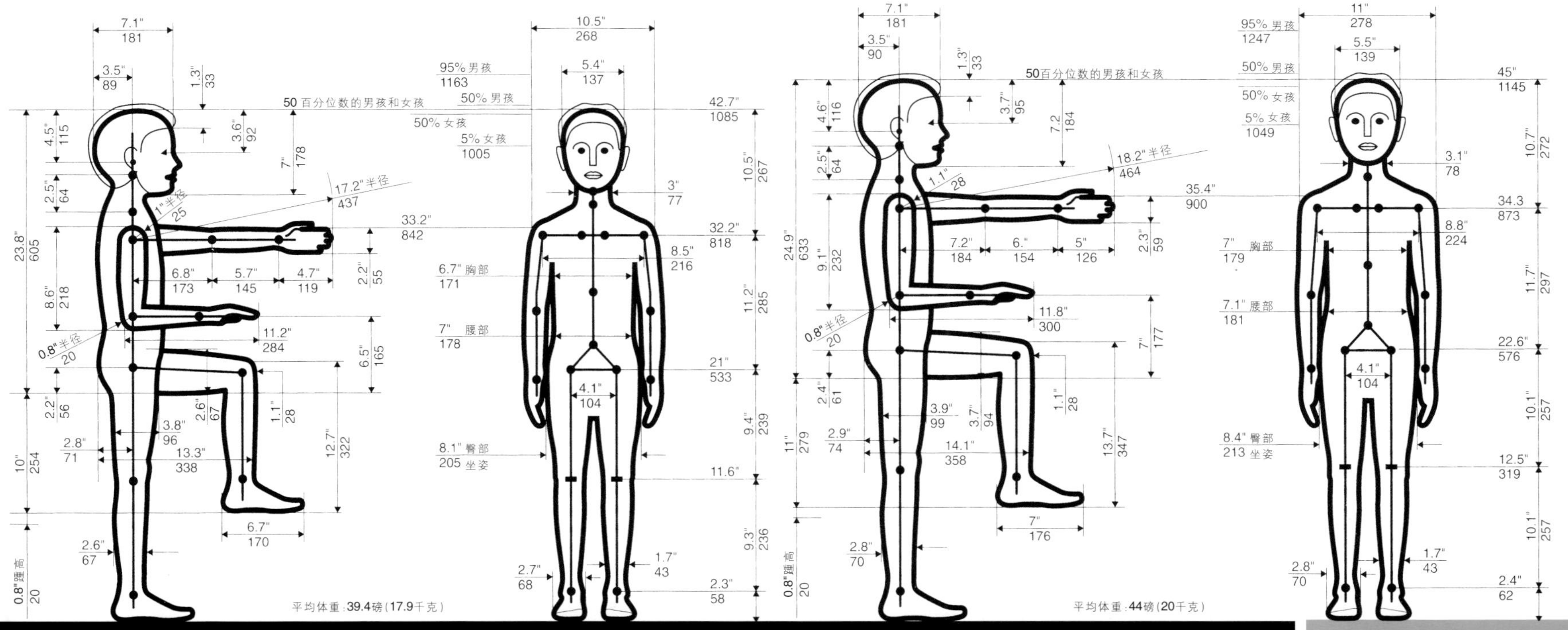

少年的测量尺寸 图 4

运动发展

社交发展

认识发展

7 岁

- 可以闭目用一只脚保持平衡
- 可以准确地跳入小方格中
- 可以准确地进行跳跃练习

8 岁

- 可以承受稳定的12磅压力
- 女孩能够将一个小球投掷到40英尺远

孩子意识到其他人可能以不同于他/她自己的方式来解释一种情况

孩子们可以具有逻辑性地思考"此时此地",但还不能理解抽象事物

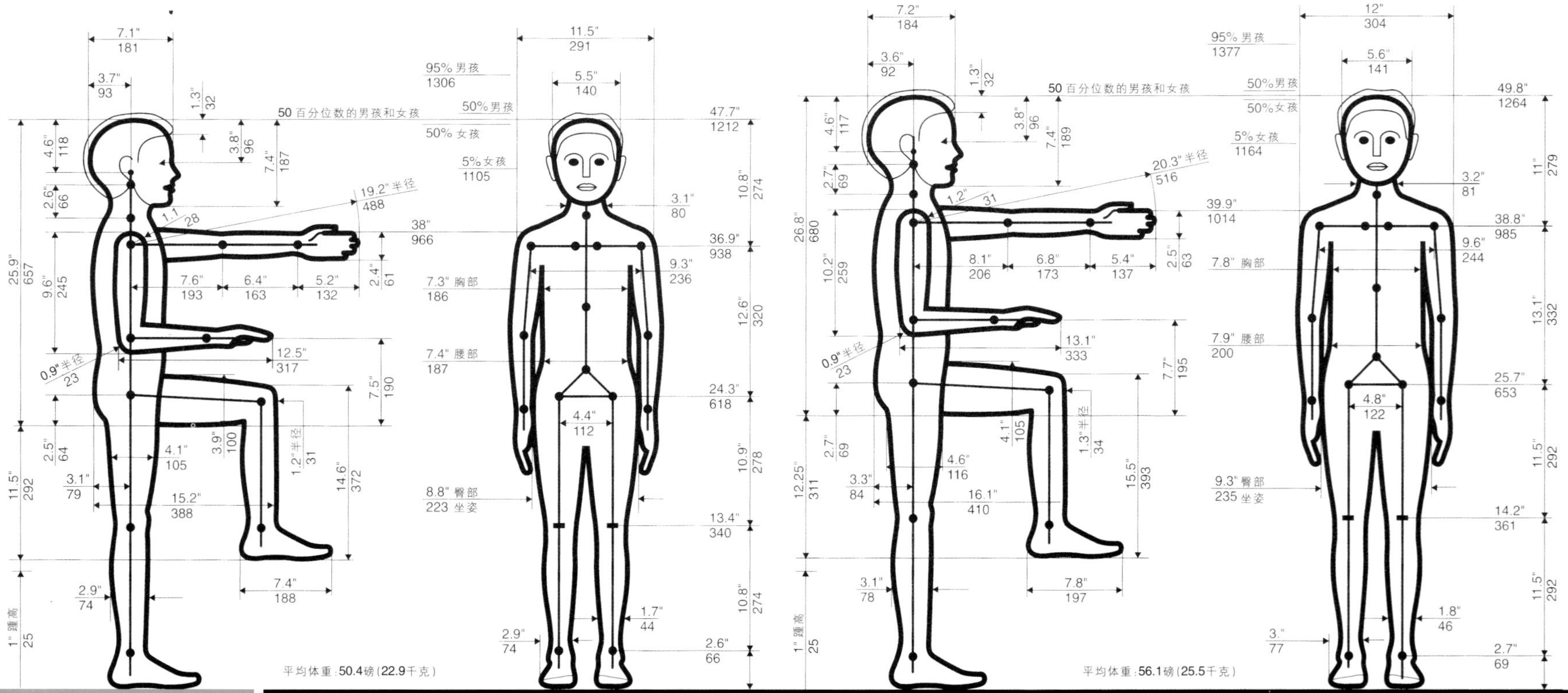

图 5 少年的测量尺寸

9 岁

- 女孩可以垂直跳到8.5英寸的高度;男孩跳到10英寸高
- 男孩每秒能够跑16.5英尺
- 男孩可以将球投至70英尺远

10 岁

- 可以判定从一定距离远掷出的小球路线,并抓到球
- 女孩每秒能够跑 17 英尺

孩子有了相互的意识,认识到其他人有自身的观点,并且其他人可以意识到他/她拥有特殊的观点。

孩子们理解了:让他人知道他们的需求不要被忽视或忘记的重要性。

具有分类和运用数字的能力,有时间与空间的概念,并从虚拟中分辨出现实。

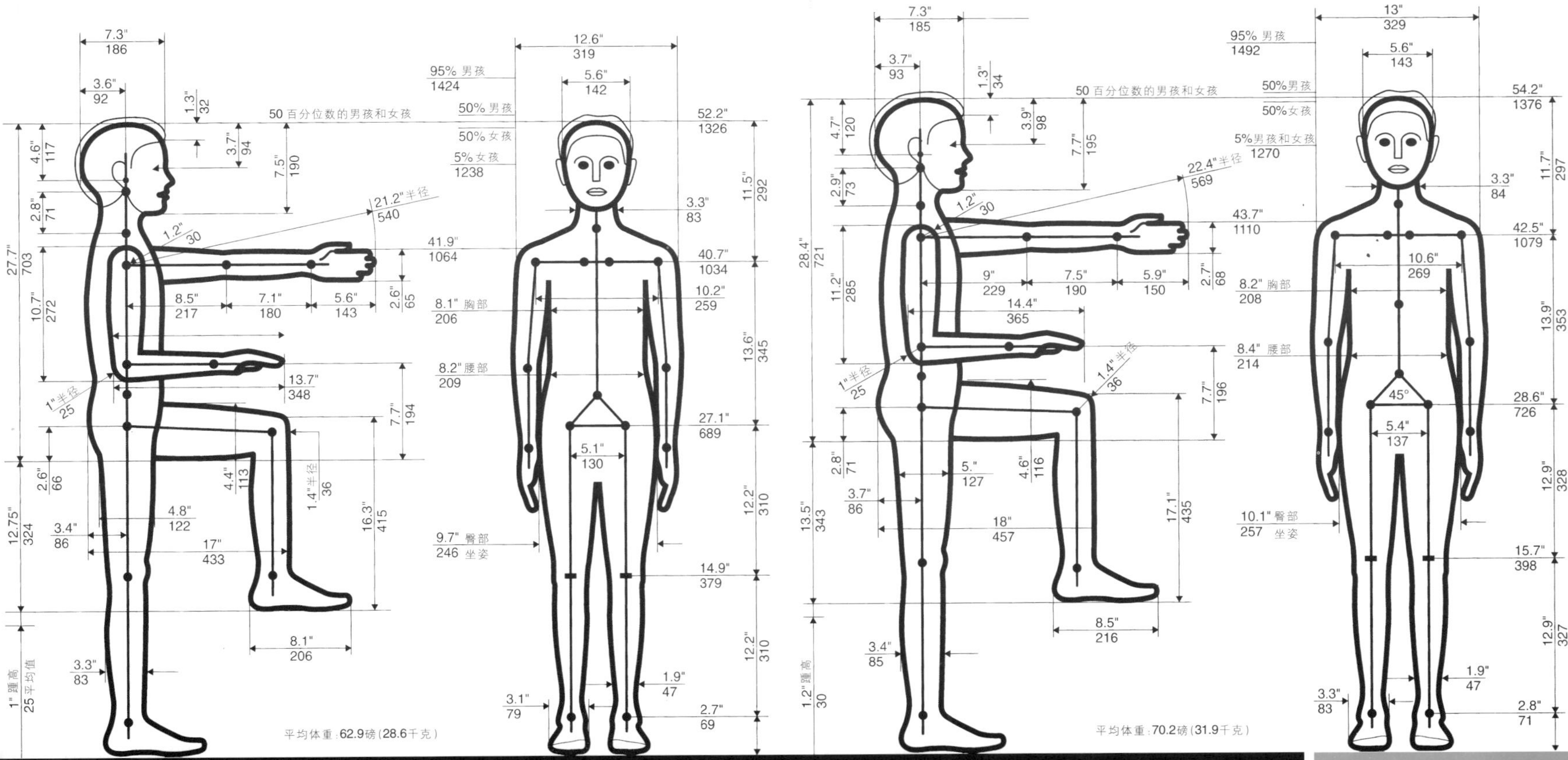

少年的测量尺寸

图 6

运动发展

社交发展

认识发展

11 岁
女孩比男孩高

男孩可以立定跳远**5**英尺;女孩跳**4.5**英尺。

12 岁
女孩比男孩高

可以立定向上跳**3**英尺高。

孩子可以想象第三者的观点,考虑几种不同的观点。

能够抽象思考。

可以假想—演绎推理。

能够利用过去所学知识去解决现实的问题,并计划未来。

成年时期

男孩在数学与空间想象力方面略显优势。

女孩在语言表达方面略显优势。

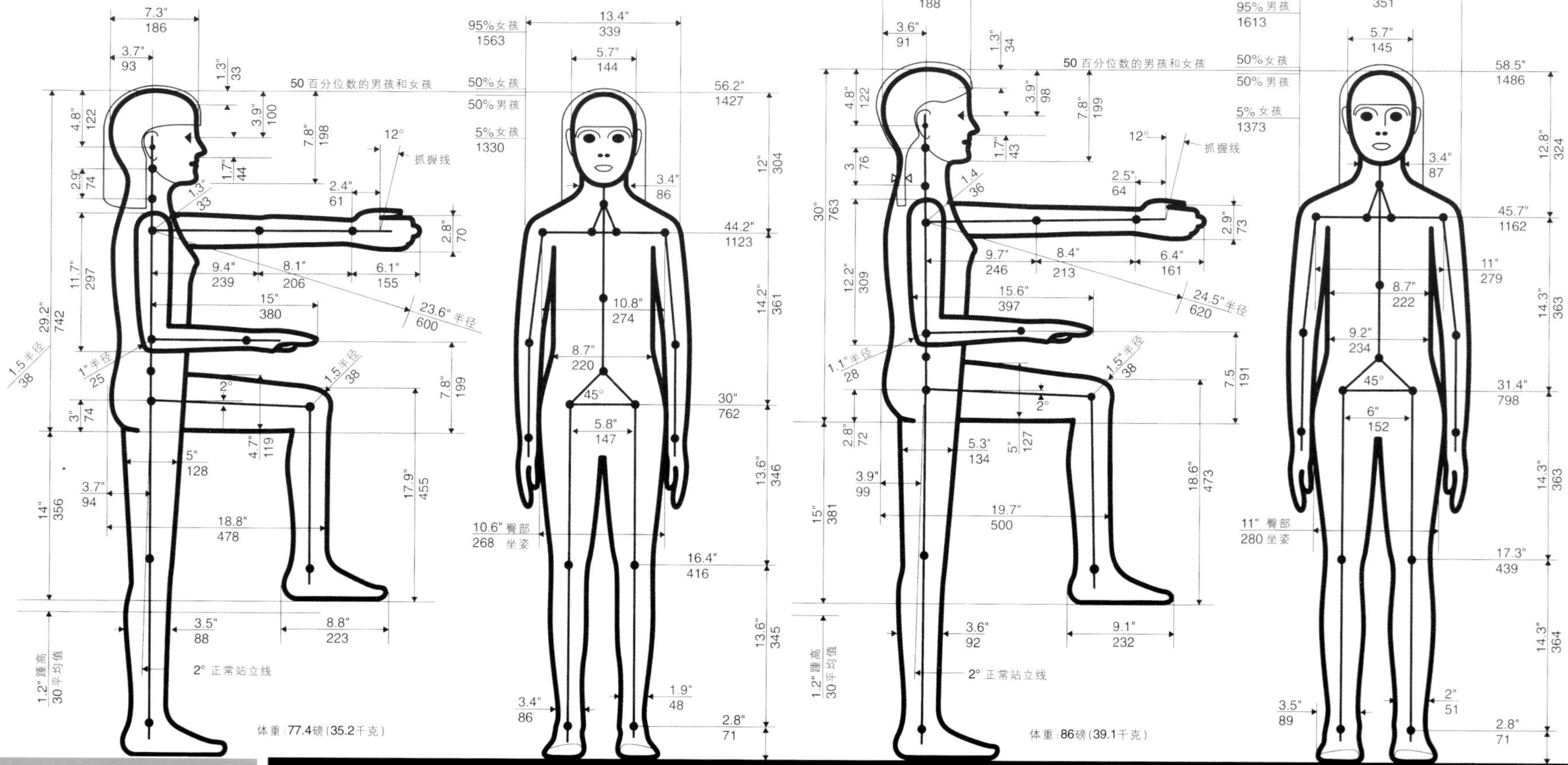

图 7 少年的测量尺寸

13 岁
女孩比男孩高

14 岁

青春期：意识到交流与相互的思考并不总是能够解决不同观点产生的争议

成年时期

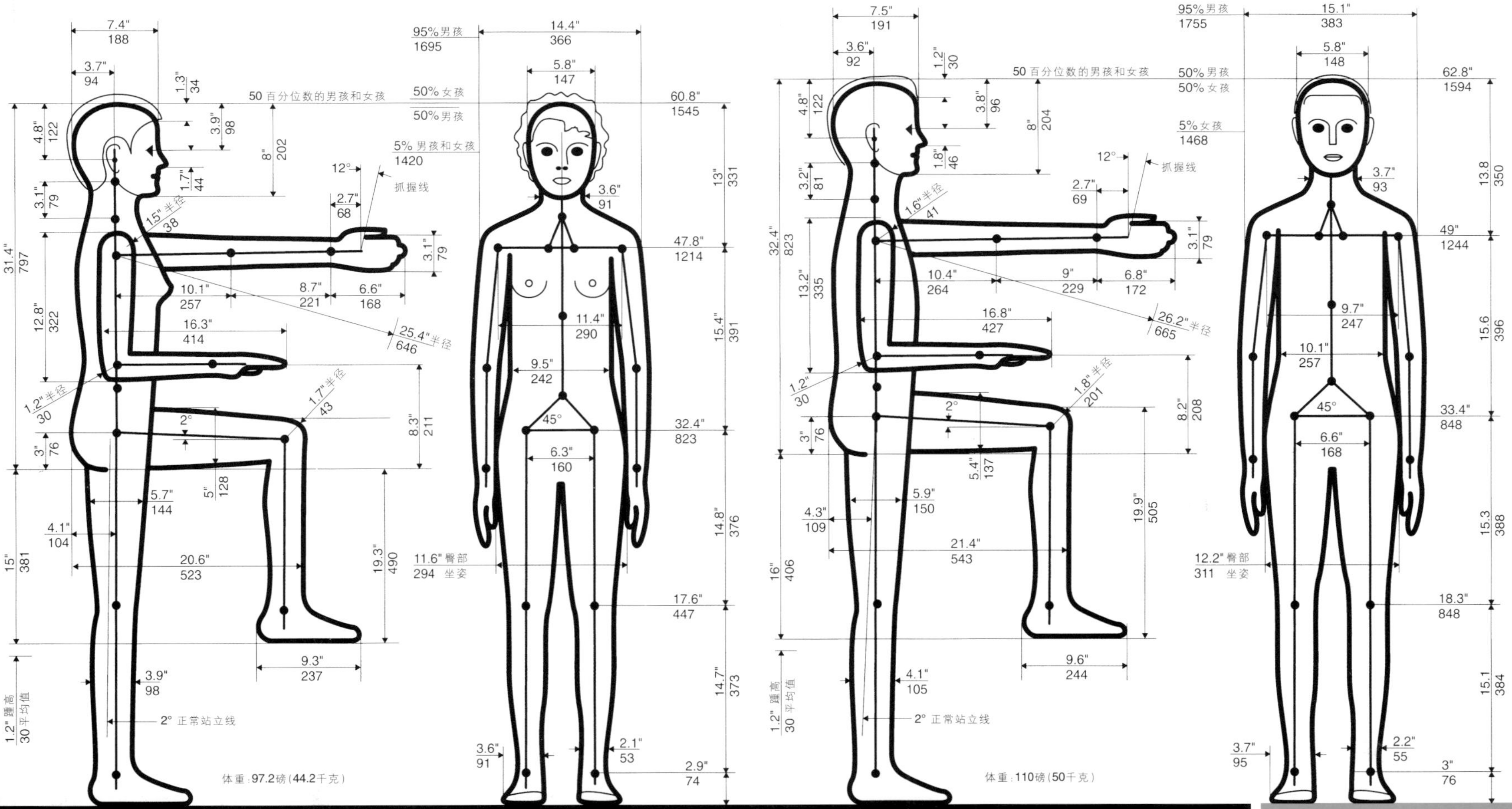

15 岁

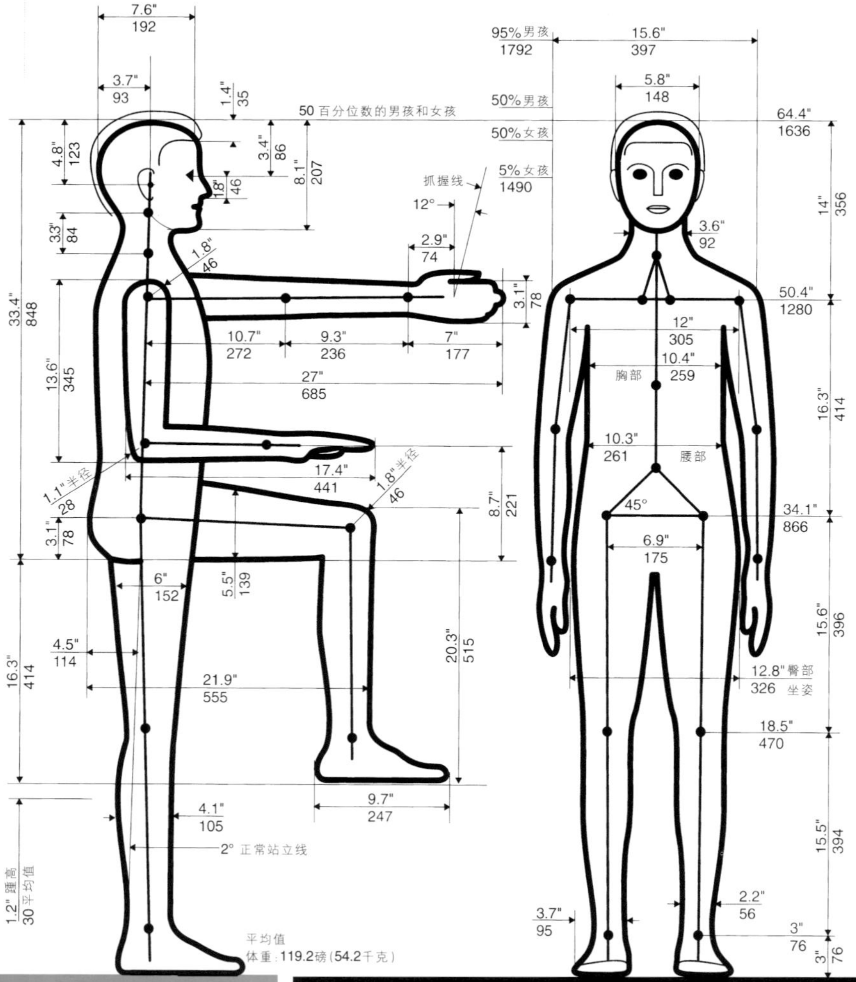

16 岁

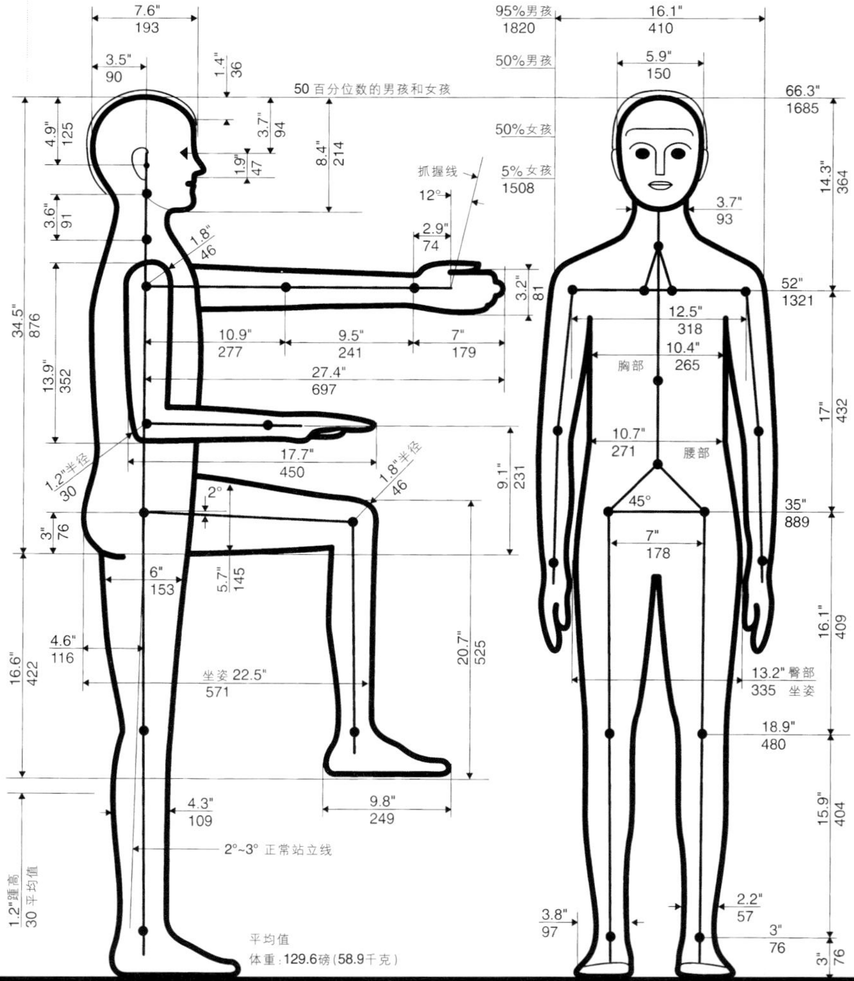

图 9 少年的测量尺寸

17 岁

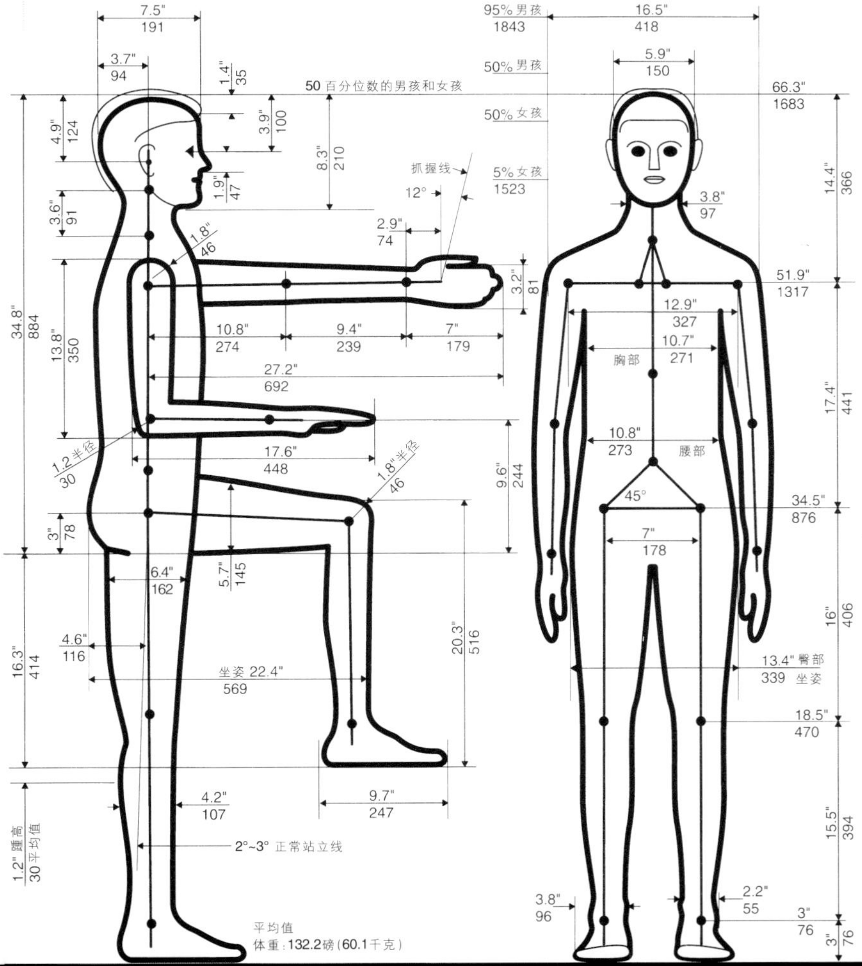

18~18.5 岁

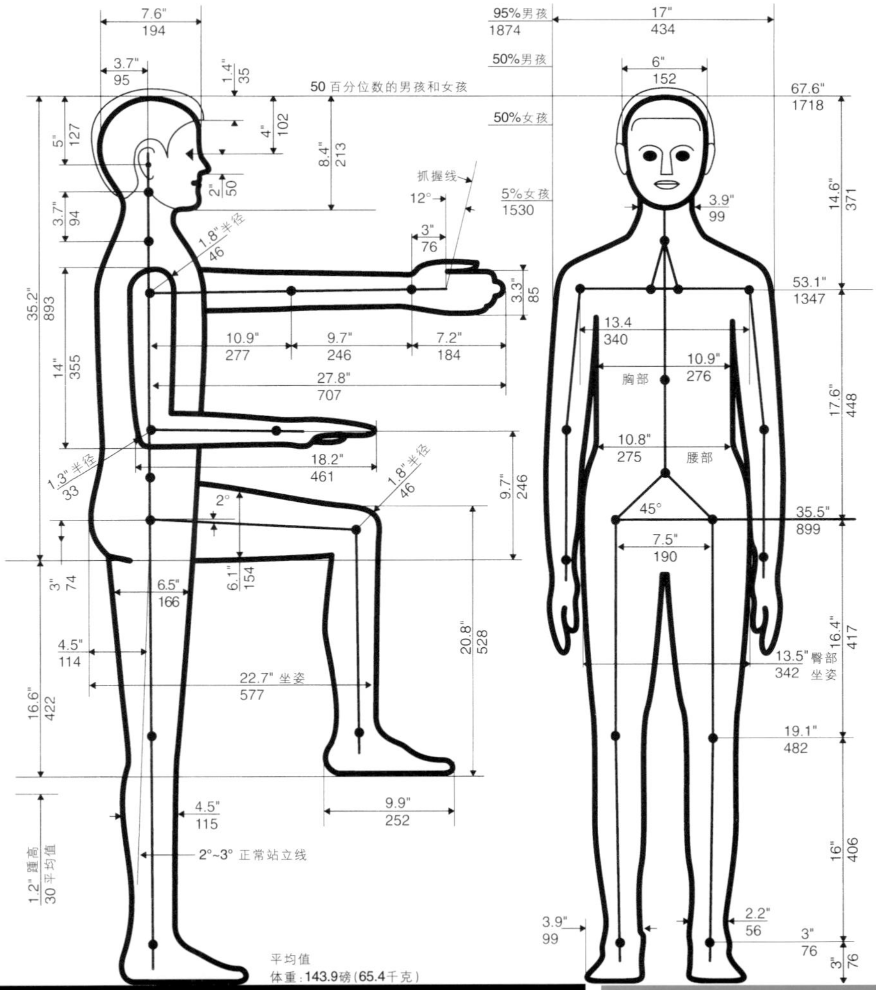

少年的测量尺寸

图 10

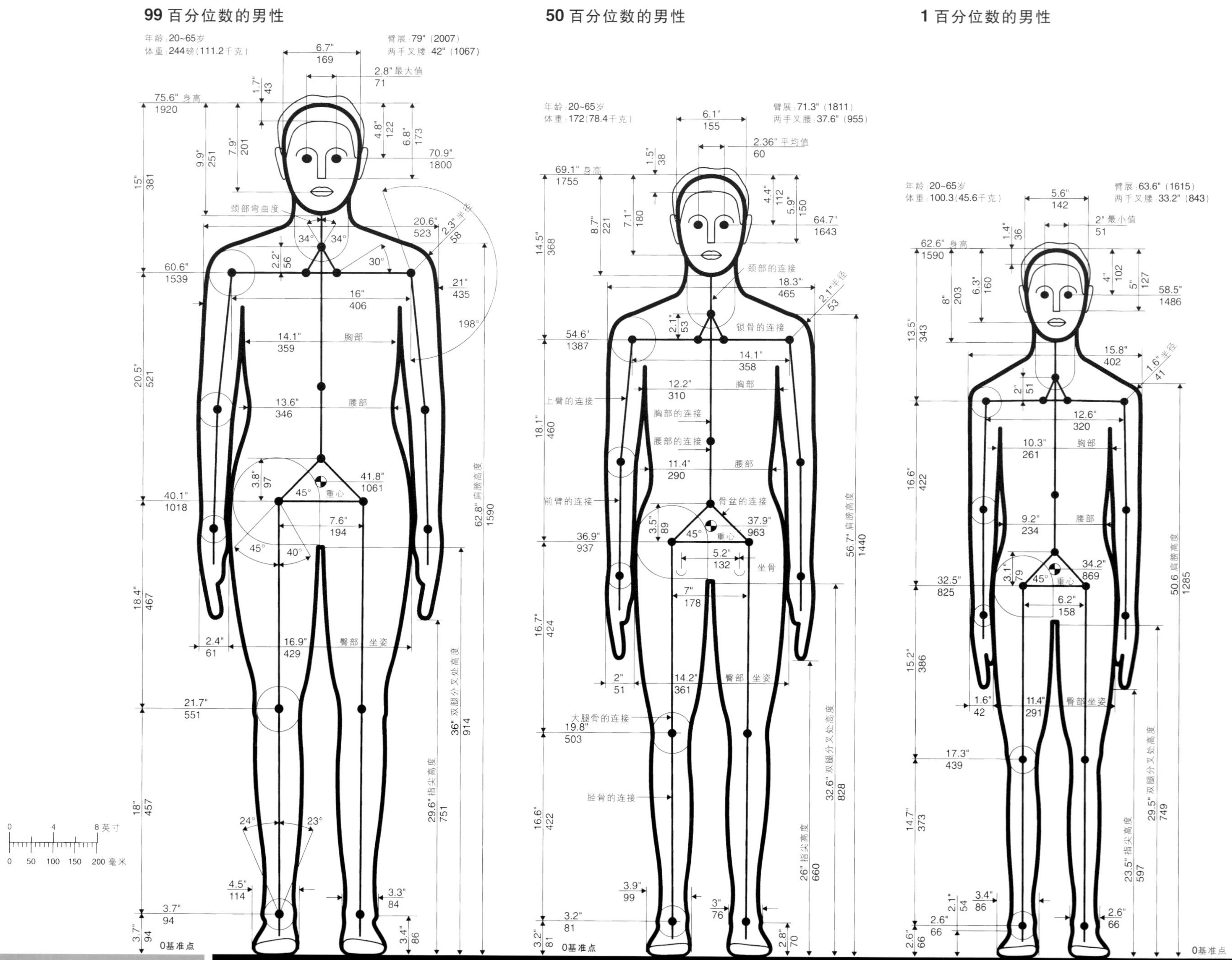

图 11 男性的测量尺寸(正视图)

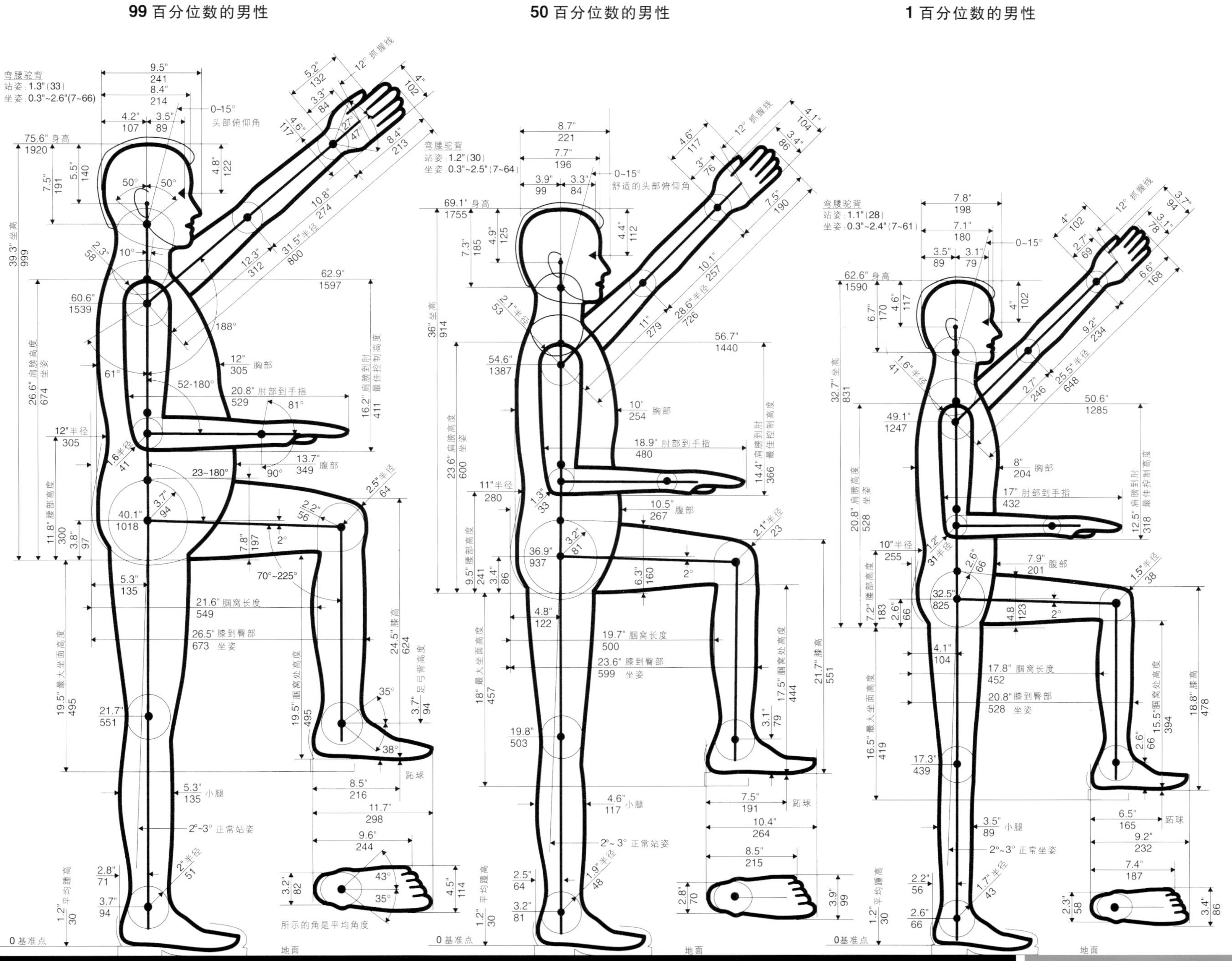

男性的测量尺寸(侧视图)

图 12

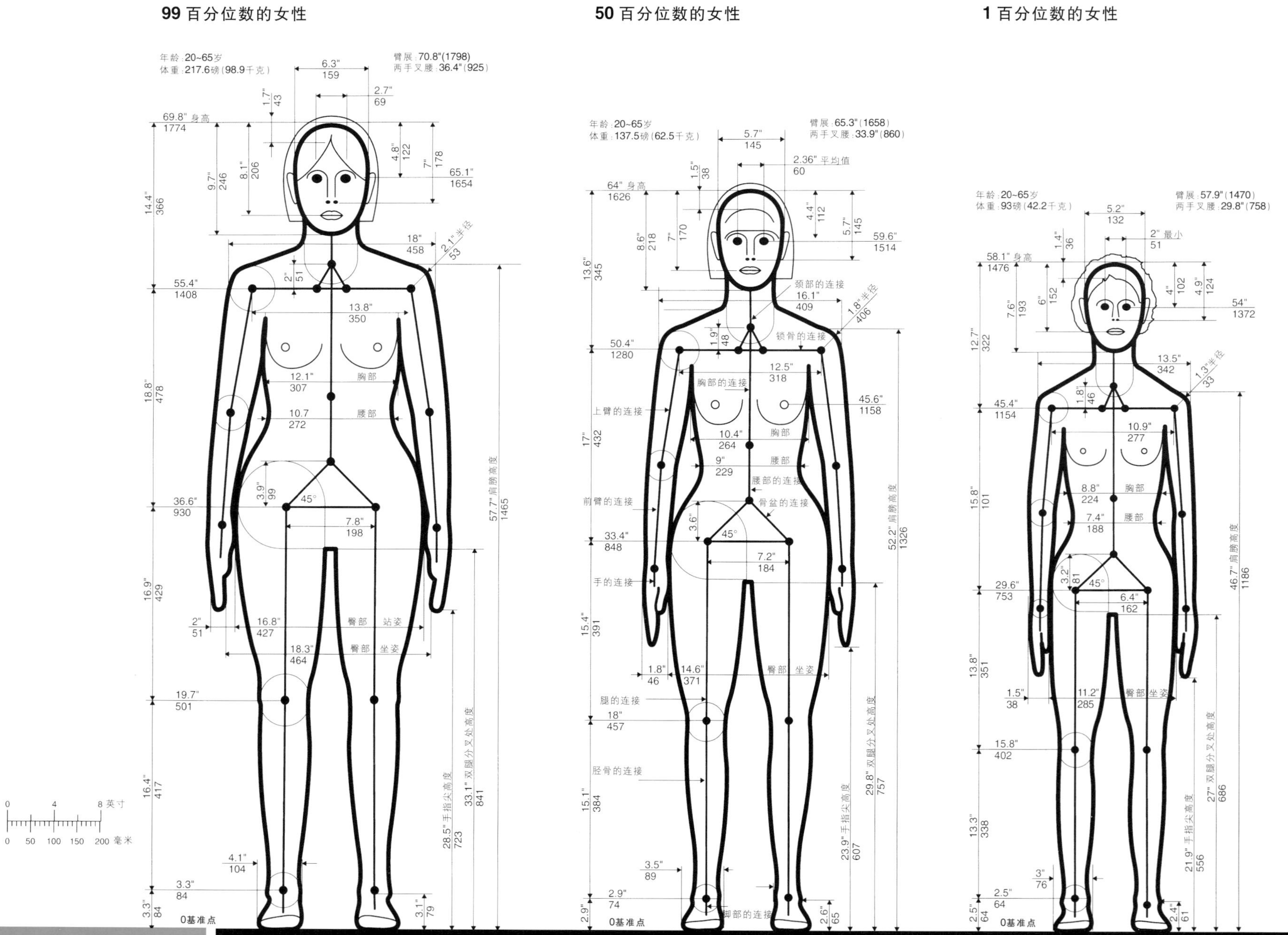

图 13 女性的测量尺寸(正视图)

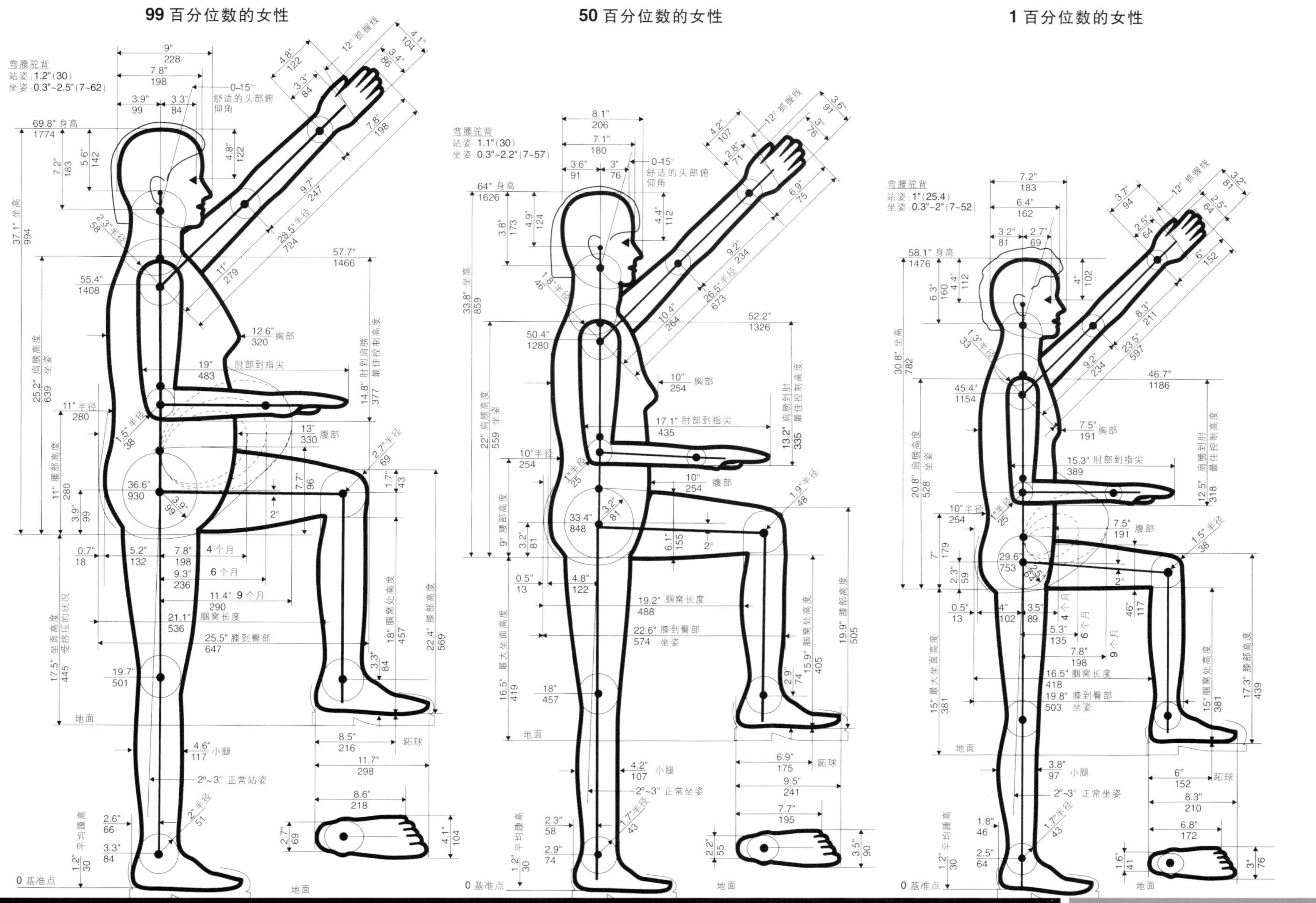

女性的测量尺寸(侧视图)

图 14

从1920年以来，每隔10年美国人身高大约会增长0.4英寸(1厘米),接近于欧洲的增长率(更早期的资料可能会已经过时)。但过去10年的资料因为有许多个子矮小的移民而难以确定。在本书中涉及的人类测量学资料计划包含98%的美国人口（即包括99百分位数、50百分位数和1百分位数的男性与女性）。据说美国的人口“在世界所有国家中有着最多样化的民族与种族融合”。但是它并不能代表世界人口；例如，美国研究中便不包括矮于日本15百分位数的日本妇女人口，因为1百分位数的日本女性比1百分数的美国女性矮2.3英寸(58毫米)。

美国和加拿大的农民高于99百分位数的美国男性。这个特殊群体中95百分位数的身高是75.6英寸(1 920毫米),这与99百分位数的美国人口相一致。坐高也是同样的,那样就意味着该群体的臂长大约长出1.7英寸(43毫米)。

在构成美国男性人口的几个种族群体当中身体结构上存在着比例差异。对于选定高度内的白人、黑人和日本男性的差异如下所示(《人体比例1/2/3》,1974)。

全部的腿长

白人	平均值
黑人	平均值+1.5英寸(38毫米)
日本人	平均值–3.6英寸(91毫米)

全部的臂长

白人	平均值
黑人	平均值+0.6英寸(15毫米)
日本人	平均值–2英寸(51毫米)

坐着的高度(从头顶到椅子)

白人	平均值
黑人	平均值–1.5英寸(38毫米)
日本人	平均值(几乎与高度相同)

座位高度(男性平均值)

白人	17.5英寸(444毫米)
黑人	18英寸(457毫米)
日本人	15.8英寸(400毫米)

下列表格表现了世界多样化的人口。这项调研数据收集于1962年，每10年的身高增长率未考虑在内。

平均值

人口	身高		体重	
	英寸	毫米	磅	千克
白人				
芬兰人	67.3	1710	154.4	70.0
美国军人	68.5	1739	154.8	70.2
冰岛人	68.3	1736	150.2	68.1
法国人	67.9	1725	147.7	67.0
英格兰人	65.5	1663	142.2	64.5
西西里岛人	66.6	1691	143.3	65.0
摩洛哥人	66.5	1689	140.7	63.8
苏格兰人	67.1	1704	136.3	61.8
突尼斯人	68.3	1734	137.4	62.3
巴巴里人	66.9	1698	131.2	59.5
马拉塔人(印度)(Maratha)	64.5	1638	122.8	55.7
孟加拉人(印度)	65.3	1658	116.2	52.7
黑人				
雅巴萨人(Yambasa)	66.5	1690	136.7	62.0
基迪人(Kirdi)	65.6	1665	126.4	57.3
巴亚人(Baya)	64.2	1630	118.9	53.9
图西人(Batutsi)	69.3	1760	125.7	57.0
基库尤人(Kikuyu)	64.8	1645	114.4	51.9
俾格米人(Pygmies)	56.0	1422	88.0	39.9
爱菲人(Efe)	56.6	1438	87.8	39.8
布须曼人(Bushmen)	61.3	1558	89.1	40.4
亚洲人				
突厥斯坦人(Turkestan)	64.2	1631	153.7	69.7
爱斯基摩人	63.5	1612	138.7	62.9
中国北方人	66.1	1680	134.5	61.0
韩国人	63.4	1611	122.4	55.5
中国中部人	64.2	1630	120.6	54.7
日本人	63.4	1609	116.9	53.0
巽他群岛人	62.9	1598	114.4	51.9
越南人	62.5	1587	113.1	51.3
香港人	65.4	1662	115.1	52.2

来源：NASA，1978

从表中我们可以看出满足世界所有人口的需要是十分困难的。这次我们必须要排除掉特别矮小和特别高大的人口比例。可以满足98%的美国人口需要对于设计工作来讲可能就会比较令人满意了。

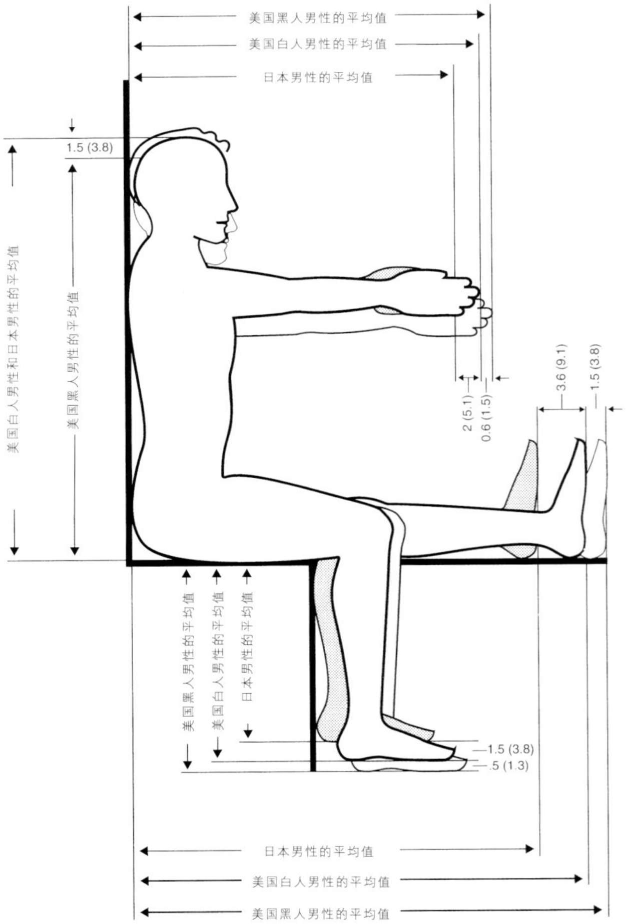

人种群体之间的比例差异

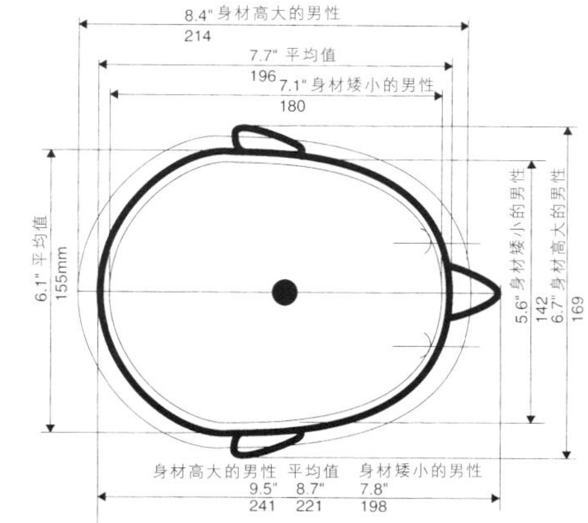

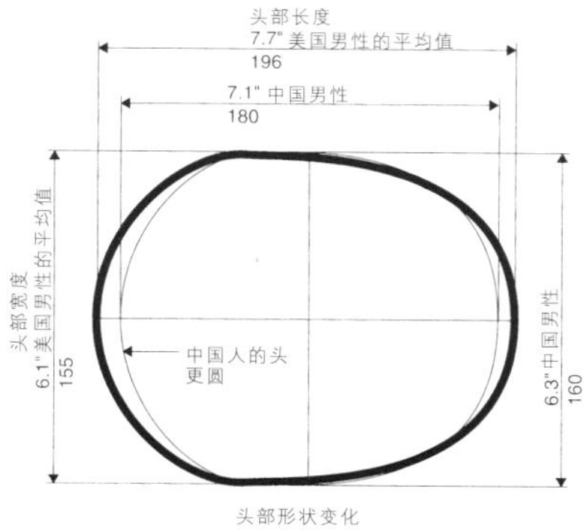

各国男女平均头部尺寸比较

国家	长	宽
美国	7.7" (196)	6.1" (155)
德国	7.7" (196)	6.1" (155)
意大利	7.6" (193)	6.1" (155)
法国	7.5" (191)	5.9" (150)
日本	7.3" (185)	6.1" (155)
中国	7.1" (180)	6.3" (160)

身材高大的男性＝99百分位数的男性
身材矮小的男性＝1百分位数的男性

身材高大的女性＝99百分位数的女性
身材矮小的女性＝1百分位数的女性

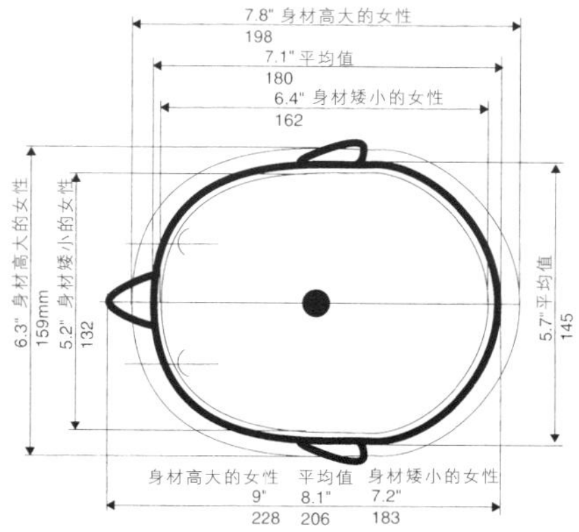

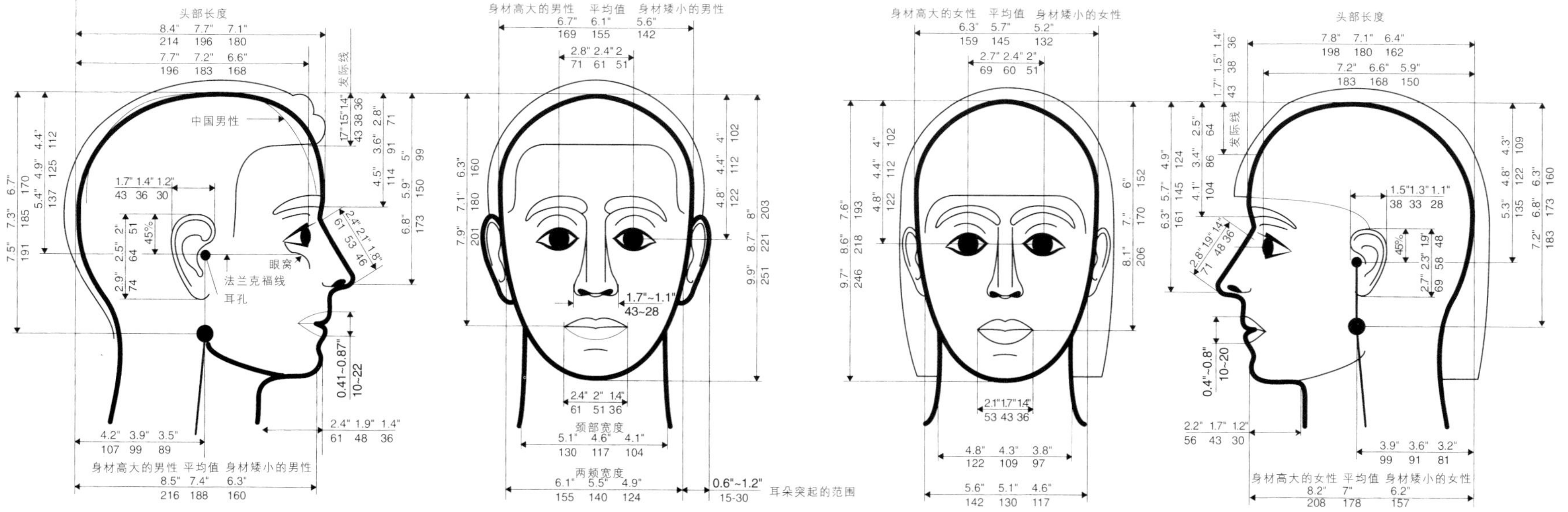

男性与女性的头部测量尺寸 图 15

尺度测量依姿势而变化。身材在严格的垂直姿态变化范围为 0.2~0.8 英寸(5~20 毫米)。由于放松呈现出一种弯腰驼背的姿态而会在高度上有一定损失。

身体弯腰驼背的尺度

姿势	男性	女性
站姿	1.2 英寸(30 毫米)	1 英寸(25 毫米)
坐姿	0.3~2.6 英寸(7.6~66 毫米)	0.3~2 英寸(7.6~51 毫米)

人的高度和重量会随着年龄而变化。人 25 岁之前高度在不断增长,从 30 岁到 60 岁身材会下降。

人 60 岁之前体重在增加。最快的体重增加发生于 30 岁到 40 岁之间。

人 60 岁之前胸部与腹部的周长也在增长。营养状况会改变腰围和全身周长。

30 岁以后人的力量会下降。

连接体系

随着人-机关系的可视化，工程学原理能够应用于复杂的骨胳结构领域。复杂的骨胳系统由单一的直线连接替代物所简化。例如:腿骨呈 L 形。当转变为一条从轴点到轴点的直线时,它的作用是同样的,并且易于理解。

所有的骨胳都被简化成这样的方式。骨盆是很大一块骨头，它可以演变为一个可以发挥同等功能作用的三角形连接。由 25 块单独的骨胳构成的脊柱被简化成一些连接:一条用于胸廓(胸部)区域,一条用于腰椎(脊背凹陷的部分)区域,还有一条用于骨盆区域。如果增加更多的连接与轴点的话，本系统就会变得更加复杂并难以用机械分析解释。虽然一些身体的连接点,如肩轴、臀轴和脊椎是很复杂的,但是假定这些轴点在操作上是简单的。

这个连接系统可以通过表现最大范围的运动以及伴随着的舒适程度来进一步发展提高。由于不能在身体上测量出轴点,因此决定其连接长度是困难的。过去使用 X 光和骨胳分析方法,但是数据的收集技术还有待改进。有一件事情是可以肯定的:对于所有人类学资料来讲连接的长度一定是不变的。一个好的检测方法是臂展必然等于(举例来讲)两个臂长加上两个肩膀轴点间的距离；而胳膊的长度必然也满足肩膀到肘和肘到指尖的测量法。

图表和样板上的数据资料细节提供了所有关键尺度的百分位数。例如:下列 99 百分位数的男性尺度是 99 百分位数的测量尺度结果:

身高
肩膀高度
肩膀到肘
肘到指尖
臀部到膝盖
膝盖到地面(不包括鞋)
腰腹的厚度
坐高

一项产品设计应该满足 99 百分位数的男性至 1 百分位数的女性之间所有使用者的需求。正常情况下通常使用平均数值。来自于下列人类学资源的数据资料可以用于描述男性与女性图表的准备工作:

《人体比例 1/2/3》,1974 年;美国宇航局,1978 年;美国卫生、教育和福利部,1966 年和 1979 年。

完整的数据资料包括从婴儿到 18 岁的青少年。这种信息 1975 和 1977 年由美国汽车工程师协会编写。

动态身体对照静态身体

可以通过伸展肩膀,转动躯干,并且/或者弯曲躯干(无安全带)从而延长肩膀轴部的活动范围。这些运动在空间中所构成的运动弧线形式不是圆形的而是复杂的。

若想手指能够到远处面板上的一个控制装置,可以伸展肩膀直到拇指可以触及面板。

手臂伸直可触及的范围

下面列出了男性与女性向前弯腰、伸向侧面以及伸向 45°时的触及范围。数据是近似值,采用英寸和毫米两种单位。

男性

方向	伸展肩膀	转动身体	弯腰	总计
向前	4(100)	2(50)	10(250)	16(405)
45°	3(75)	1(25)	8(200)	12(305)
侧面	2(50)	0	6(150)	8(200)

女性

方向	伸展肩膀	转动身体	弯腰	总计
向前	4(100)	1.8(45)	8.2(205)	14(355)
45°	3(75)	0.9(20)	6.4(160)	10.3(260)
侧面	2(50)	0	5.6(140)	7.6(190)

除去水平角,其他角度都需要通过计算或图解。

设计的目的是为操作者划定空间或者容纳整个的身体,例如驾驶舱和船舱等。可以在图板或计算机屏幕上绘制正投影图(侧视图、正视图和平面图),作为建构全尺寸模型或大模型的指导。三维人体模型或假人可以用于分析空间需求。一些假人的身体各组成部分都有与真人相同的重量，用来进行有关安全性的动态检测。

建议使用活动的模型加以检验。应选择身材最高大和身材最矮小的操作者。通常,这种检验的结果将揭示许多新的要素。

女性测量的图表数据也表明了在怀孕的各个阶段身前所需要的空间,最大值标示在大个子妇女上,最小值标示在小个子妇女上。但事实并非完全如此,小个子妇女也可能会有比 1 百分位数的数据更大的尺度或者更高的臀轴-坐面距离。这些尺度并非必然与身高相一致。

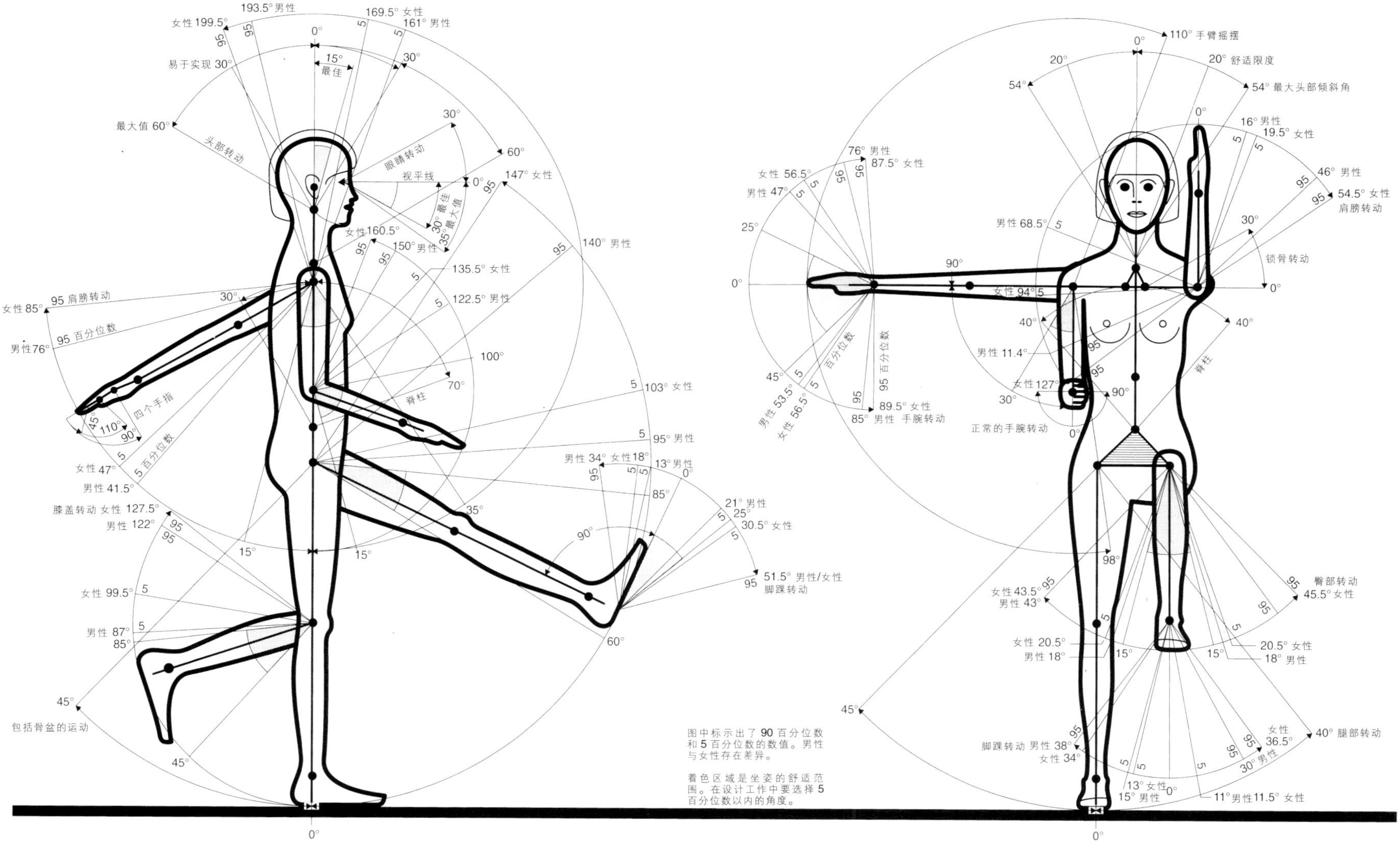

图中标示出了90百分位数和5百分位数的数值。男性与女性存在差异。

着色区域是坐姿的舒适范围。在设计工作中要选择5百分位数以内的角度。

身体各组成部分的运动角度

图 16

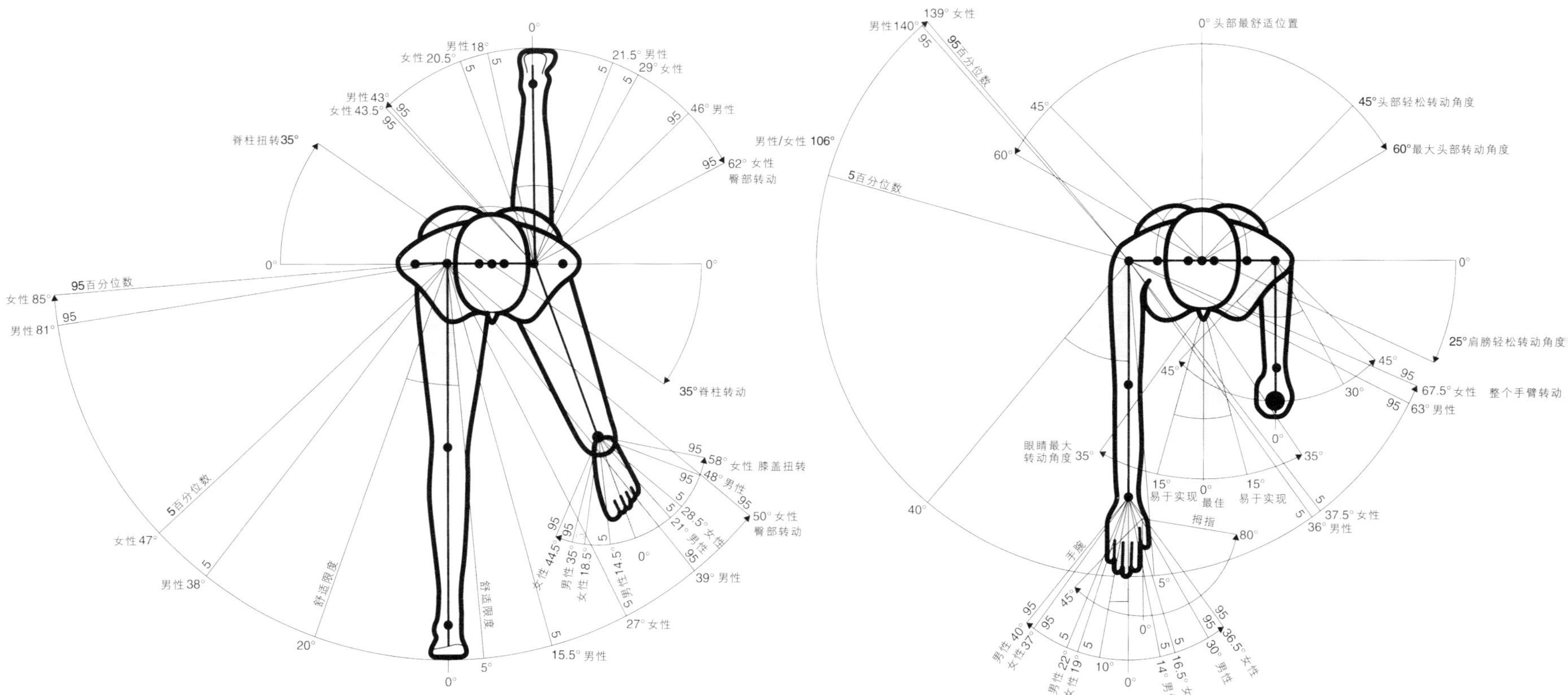

着色区域是舒适的范围。
设计工作中要选择5百分位数以内的角度。

图 17 身体各组成部分的运动角度(俯视图)

穿着服装后的增加量

当设计房间分隔及安排座位的时候，必须考虑服装因素。如果条件允许的话，必须要满足 99 百分位数的男性和 1 百分位数的女性，即增加高大男性穿着最笨重服装时的空间需要，以及矮小女子穿着最轻薄服装时的空间需要。帽子也很重要，最高的帽子和天花板之间要保持一个 2 英寸的空间，以备走路时人的上下晃动。鞋的高度对于决定屋顶空间与座位高度来讲非常重要。扶手的间距依赖于坐时的臀宽，还要加上最笨重的服装。

手套影响着空间的需求。一只伸展开的 1.5 英寸×3.8 英寸(38 毫米×97 毫米)的手戴上厚重的手套之后，尺寸扩大到 2 英寸×4.5 英寸(51 毫米×114 毫米)。戴着手套的手指是不敏感的。一个推进行程 0.1 英寸(3 毫米)的按钮，若戴上厚重的手套去推，按纽行程需扩大到 0.3 英寸(8 毫米)。

以下数据表明了穿着了各种类型的服装后，各方面尺寸的增加。第一个表是男女民用用途，第二个表是为军人提供的。由于服装样式不同，数值也是大致的。军事头盔与安全帽尺寸大约为 12 英寸×10.25 英寸(305 毫米×260 毫米)。

男性与女性的服装增量表(大致的近似值，以英寸和毫米为单位)

	男性		女性		军队男子		北极地区居民	
	便服	冬天的服装	便服	冬天的服装	轻武装服	重武装服	厚重的飞行服	毛皮大衣和靴子
身长	1.2(30)	3.2(80)	1.2(30)	4(100)	2.65(67)	2.65(67)	3(75)	4.3(110)
坐高	0.1(2.5)	2.3(60)	0.1(2.5)	2.7(70)	1.39(35)	1.61(41)	1.61(41)	不详
头高	赤裸	2(50)	赤裸	3(75)	1.4(36)	1.4(36)	1.35(35)	不详
头宽	赤裸	2(50)	赤裸	3(75)	2.8(71)	2.8(71)	2.8(71)	不详
头长	赤裸	2(50)	赤裸	3(75)	3.5(89)	3.5(89)	3.5(89)	不详
肩宽	0.5(13)	2(50)	0.25(6.4)	1(25)	0.24(61)	1.52(39)	1.52(39)	4.7(120)
肩高	0.6(15)	2(50)	0.35(9)	1.25(32)	0.24(61)	1.52(39)	0.92(23)	不详
臀坐宽	0.5(13)	2(50)	0.25(6.4)	1(25)	0.56(14.2)	1.4(36)	1.44(37)	5.2(132)
腹部	0.9(23)	1.7(43)	0.3(7.6)	1(25)	1.2(30)	2.5(65)	1.4(36)	不详
两肘宽	0.8(20.3)	4(100)	0.4(10)	2(50)	1(25)	2.1(55)	1.84(47)	5.9(150)
肘长	0.4(10)	2(50)	0.2(5)	1(25)	0.56(14.2)	1.84(48)	0.94(25)	不详
手宽	赤裸	0.4(10)	赤裸	0.4(10)	赤裸	0.3(7.6)	0.4(10)	1.2(30)
手长	赤裸	0.2(5)	赤裸	0.2(5)	赤裸	0.2(5)	0.3(7.6)	0.6(16)
手厚	赤裸	0.5(12.7)	赤裸	0.5(12.7)	赤裸	0.4(10)	0.4(10)	0.6(16)
腿间隔	0.5(12.7)	1(25)	0.3(7.6)	0.8(20.3)	0.3(7.6)	0.4(10)	2(50)	不详
两膝宽	0.3(7.6)	0.4(10)	0.1(2.5)	0.1(2.5)	0.5(12.7)	1.7(43)	0.72(18)	不详
膝到地板	1.5(38)	1.6(40)	1.3(33)	1.3(33)	1.32(35)	1.44(37)	1.44(37)	不详
膝到背	0.8(20)	3(75)	0.6(15)	1.8(45)	0.2(5)	0.7(18)	0.54(14)	1(25)
脚宽	0.5(12.7)	1(25)	0.3(7.6)	0.5(12.7)	0.2(5)	0.2(5)	0.2(5)	不详
脚长	1.3(33)	1.5(38)	0.5(12.7)	1.5(38)	1.6(40)	1.6(40)	1.6(40)	不详
脚踵高	1.2(30)	1.5(38)	1.2(30)	1.5(38)	1.3(33)	1.3(33)	1.3(33)	1.3(33)
重量：磅(千克)	5(2.3)	10.0(4.5)	3.5(1.6)	7(3.2)	9.4(4.3)	11.8(5.4)	20(9)	不详

(资料来源;《人体比例 1/2/3》,1974 年)

孩子们的学习与娱乐场所

综合了 50 百分位数的男孩与女孩工作与娱乐场所尺度，单位为英寸和毫米。

年龄	坐姿				站姿			
	椅子高度	肘部高度	桌子高度	桌面宽度	站姿高度	肘部高度	工作面最大高度	工作面最大宽度
3	8(205)	13.7(350)	15(380)	12(305)	37(940)	21(535)	20(510)	14(355)
4	9(230)	14.6(370)	16(405)	14(355)	40(1020)	23(585)	22(560)	15(380)
5	10(255)	15.7(400)	17(430)	15(380)	43(1095)	24.5(622)	23(585)	17(430)
6	11(280)	17.2(440)	18(460)	16(405)	45(1145)	26(660)	24(610)	18(460)
7	11.5(290)	18.1(460)	19(480)	18(460)	48(1220)	28.5(725)	26(660)	20(510)
8	12(305)	18.8(480)	20(510)	19(480)	50(1270)	30(760)	27(685)	21(535)
9	13(330)	19.7(500)	21(535)	20(510)	52.5(1330)	31(790)	28(710)	22(560)
10	13.5(345)	20.2(515)	22(560)	21(535)	54(1375)	32.5(825)	29(740)	23(585)
11	14(355)	20.8(530)	23(585)	22(560)	56.5(1435)	34(865)	30(760)	24(610)
12	15(380)	21.4(545)	24(610)	23(585)	59(1495)	35(890)	31(790)	25(635)
13	15(380)	22.1(560)	25(635)	24(610)	61(1550)	36.5(925)	32(815)	26(660)
14	16(405)	23(585)	26(660)	24(610)	63(1600)	37.5(950)	33(840)	27(685)
15	16(405)	23.6(600)	26.5(675)	24(610)	65(1650)	38.5(980)	34(865)	28(710)
16	16.5(420)	24.4(620)	27.5(700)	24(610)	66.5(1690)	40(1015)	35(890)	29(735)
17	16.5(420)	24.9(630)	28(710)	24(610)	66.5(1690)	40(1015)	35(890)	29(735)
18	16.5(420)	24.9(630)	28(710)	24(610)	68(1725)	41(1040)	36(915)	30(760)

（资料来源：美国汽车工程师协会，1977 年）

站姿的高度包含着穿鞋和姿态上轻微的弯腰驼背。
桌面上肘部的最大抬高高度为 3 英寸(76 毫米)。
从椅子到桌面的最大距离是 12 英寸(305 毫米)。
满足一个年龄组所有孩子的需要是十分困难的，5 百分位数的孩子可能倾向于椅子降低 1 英寸(25.4 毫米)，而 95 百分位数的则可能倾向于椅子抬高 1 英寸。

老年人

美国目前65岁以上的老年人口超过了十几岁的青少年人口。现存有65岁到79岁老年人的数据资料，没有80岁到90岁老人的数据资料。

由于各种原因，身材高大的老年男性与20岁时相比身高会矮5%，不再以每10年0.4英寸(10毫米)的速度增长，软骨组织和脊椎已经收缩，因此更多地表现出了驼背的特征。

身材矮小的老年妇女由于同样的原因会矮6%的高度。

其他与衰老有关的特征包括如下。

◆手部力量减少约16%~40%。

◆臂力减少约50%。

◆腿部力量减少约50%。

◆空气摄入量减少约35%。

◆大部分人随着年龄的增长，肺活量会减少。

◆鼻与耳在宽度与长度上增加。

◆体重每10年会增长4.4磅(2千克)。

有1/3的劳动人口曾接受过不健康的视力矫正。这一因素会影响到老年人，随着年龄的增长，老年人的视力也将会逐渐下降。

年龄	%
20	100
40	90
60	74
80	47

[资料来源：武德森(woodson)，1981]

随着年龄的增长，眼睛的聚焦速度会变慢。而且，由于眼球晶状体变黄，色彩的辨识能力会随着年龄而减弱，导致老年人更难以辨别绿色、蓝色和紫色。[资料来源：《色彩新闻》(*Color News*)，1989年10月30日]

此外，还要注意下列情况。

◆随着年龄的增长，眼睛的反应时间成倍延长。

◆眼睛的失能眩光(disability glare)随着年龄的增长双倍衰弱。

◆一个40岁的人看清物体所需光线是20岁人的两倍。一个60岁的人所需光线是20岁人的5~6倍。

◆老年人需要放大的视觉细部。

◆需要提高20%的照度。

◆在听觉方面，随着年龄增长会听不到高频率的声音；当然，助听器可以帮助一定程度的恢复。

◆随着年龄的增长，味觉和嗅觉变得不敏感。老年人常会加入更多的盐、胡椒和更强烈的味道。

设计考虑

当为老年人进行设计时要注意下列问题。

◆老年人的椅子要避免设置前撑，因为在他们起身时腿会向后伸。扶手也会给予他们手部的支撑帮助他们起身。对所有老年人来讲，从沙发上站起来是十分困难的。

◆椅子和工作台的高度必须是可调的或根据需要来制造。为了放置键盘工作台最好设于肘部高度，它可以高于肘部3英寸(76毫米)以便于读写。

◆要注意矮小的老年妇女所有的尺寸都是基于1百分位数的尺寸。因为腰部、臀部和腿部不会总是保持一个固定的姿态，所以设计家具时必须考虑这些因素。

◆将高的架子降低3英寸(76毫米)。

◆将低的架子提升3英寸(76毫米)。

◆降低工作台1.5英寸(38毫米)。

年龄在 65~79 岁之间的美国老年男性 99 百分位数的人体测量数据

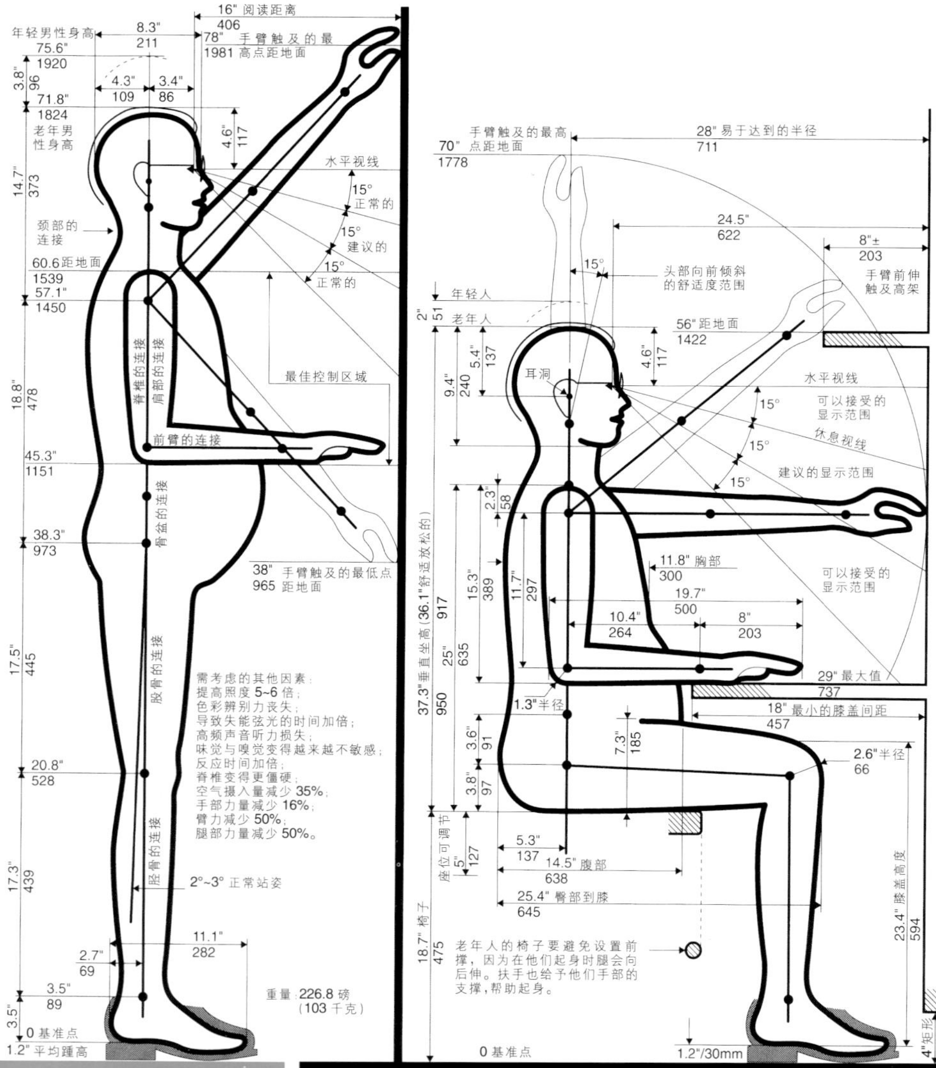

年龄在 65~79 岁之间的美国老年女性 99 百分位数的人体测量数据

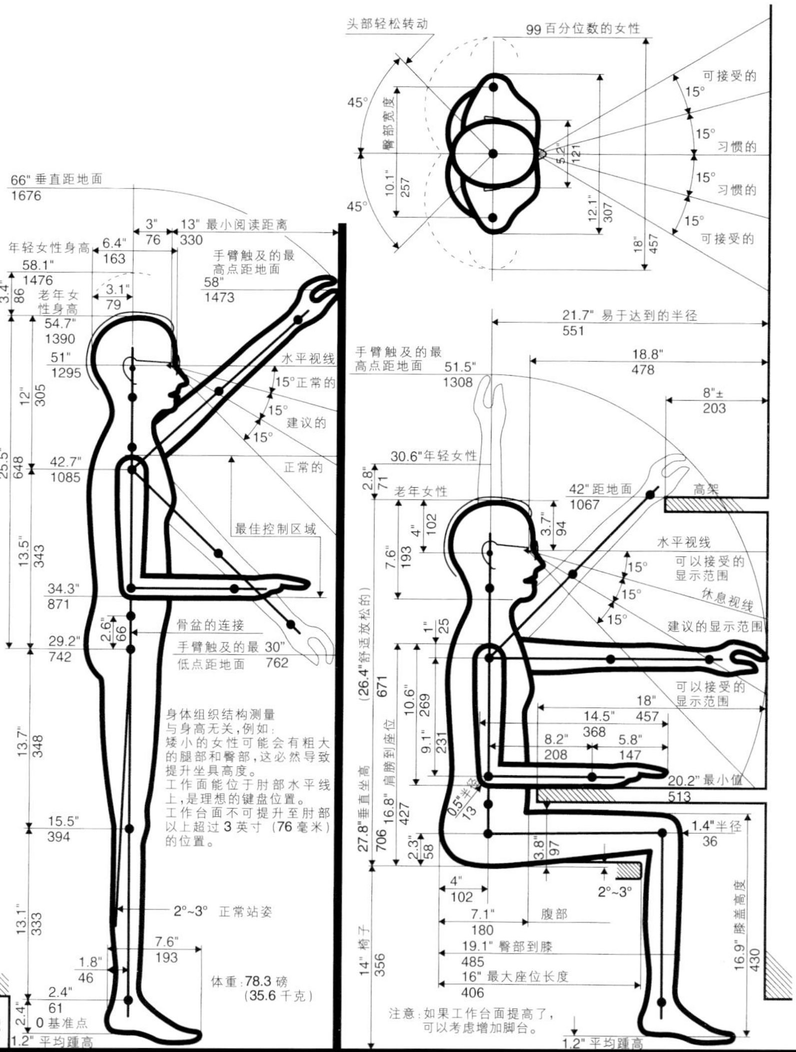

图 18 老年人的测量尺寸

不同类型的残疾人

1990 年美国制定了《残疾人法》，并于 1992 年正式成为法律，为残疾人的就业岗位、公共设施（包括国家和当地政府的服务）提供了公民的权利保护。这里提供的针对不同类型残疾人的信息来自于美国《残疾人法》。

美国有 4 300 万人患有一种或者更多的身体或心理残疾，并且这一数字随着人口老龄化的发展还在逐渐增加。在美国《残疾人法》订立之前，这些人是孤立的、隔绝的，并常常遭受歧视，置于社会、职业、经济与教育上的不利地位。

现在不同类型的残疾人，包括那些坐轮椅的人，必须被提供同等的商品、服务、设施、权利、优惠和住房条件。当今残疾人必须被提供如下个人可使用的设施。

◆酒馆、旅店、汽车旅馆或其他居所。

◆餐馆、酒吧或其他餐饮服务设施。

◆电影院、剧院、音乐厅、体育馆或其他展览、娱乐场馆。

◆礼堂、报告厅、会议中心或其他公共集会场所。

◆购物中心和商业设施，包括面包店、杂货店、服装店、五金店以及音像店。

◆自助洗衣店、干洗店、银行、理发店、美容沙龙、旅行社、加油站、会计事务所、保险公司或者律师事务所、药店、提供健康保健的专业机构、医院和其他服务设施。

◆用于公共运输的汽车终点站、仓库或其他站点。

◆纪念馆、图书馆、美术馆、其他面向公众的展览或收藏场所。

◆公园、动物园和游乐场设施，以及其他娱乐场所。

◆托儿所、小学、中学、大学、研究生院和其他教育机构。

◆养老院、无家可归者收容所、食品银行（food banks）、收养机构和其他社会服务机构。

◆体育馆、疗养院、保龄球馆、高尔夫球场以及其他训练或娱乐场所。

公共管理机构也必须遵守法律规定，这些机构包括：

◆任何国家或当地政府机关；

◆任何部门、机构、特别区域（special-purpose district）或者国家、州或当地政府所属的部门；

◆国家铁路客运公司设施或其他国有运输公司。此外，采用公共汽车、铁路或其他任何交通工具的公共运输形式（飞机除外），在其所包含的固定和连续性服务基础上，应提供给公众一般或特殊服务（包括特许服务）。

规定以外的组织包括私人俱乐部、宗教组织以及礼拜场所，除非这些场所的一部分租给公众使用。

有四个可以通行的标志符号：

◆可通行轮椅的国际符号；

◆听力损失者可通行的符号；

◆国际 TDD 符号，TDD（Telecommunication Device for the Deaf）代表的是为聋人提供的电信服务设备。

◆电话听筒音量控制符号。

法律规定：在距地 27 英寸(686 毫米)到距地 80 英寸(2 032 毫米)的水平区域内，任何构筑物，含标志物，不得伸出墙体以外 4 英寸（102 毫米）；从柱子及标杆上的伸出量不得超过 12 毫米（305 毫米）。80 英寸即为所有走廊和小空间内最小的净高。

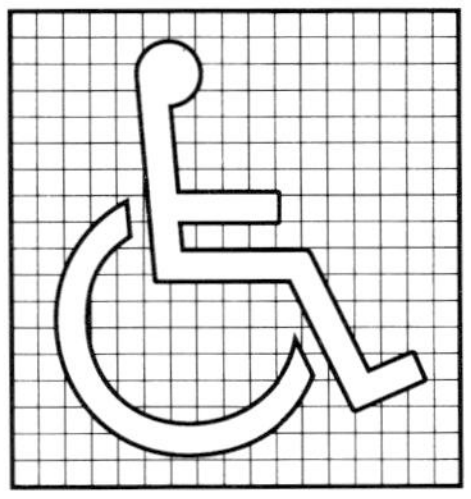

可通行国际符号的比例

可通行国际符号的表现方式

为聋人提供电信服务设备的国际符号

听力损失者使用的国际符号

易辨认的符号

下列表格说明了消除建筑障碍物的例子。

◆加宽门廊，或者给门安装偏心合叶，来保证轮椅通过。

◆大门安装便于通行的五金件。

◆取消旋转门或者设置其他便于通行的通道。

◆移走松软的厚地毯。

◆在原来仅有台阶的地方设置坡道。

◆在人行道和入口处设置路缘。

◆重新安置家具、自动售货机、陈列架和其他可能造成障碍的物体。

◆改变电话的位置。

◆改变架子的位置。

◆在电梯控制按钮上增加凸起标志。

◆安装闪烁的报警灯。

◆安装车辆手动控制装置。

◆指定残疾人易于到达的停车场所。

◆在卫生间内安装扶手。

◆重新安排卫生间的隔墙来扩大可使用空间。

◆洗涤槽下的下水管道要有隔热装置以防烫伤。

◆抬高卫生间马桶座圈。

◆浴室内安装通长的镜子。

◆浴室内重置毛巾架和擦手纸巾架的位置。

◆在一个难以够到的饮水处安置一个取纸杯器使残疾人能够喝到水。

轮椅

以下规格是轮椅设计的标准：

尺度	英寸	毫米
手柄高度	36	915
扶手高度	30	760
膝部高度	27	685
座椅高度	19	485
脚趾高度	8	205
视线高度	43~51	1 090~1 295
整体宽度	26	660
整体长度	42	1 065*
脚踏板宽度	18	455

* 足部可在此基础上延长 6 英寸(150 毫米)；对于高个子，也可以延长脚踏板。

轮椅占用空间和轮椅活动时所需要的地面空间如下。

◆最小的净地面空间：30 英寸×48 英寸（760 毫米×1 219 毫米）。

◆轮椅向前正面进入一个小于或等于 24 英寸(610 毫米)进深的凹室时，需要 30 英寸×48 英寸(760 毫米×1 219 毫米)的净地面空间。

◆轮椅向前正面进入一个大于 24 英寸(610 毫米)深的凹室时，需要 36 英寸×48 英寸（915 毫米×1 219 毫米）净地面空间。

◆轮椅侧面进入一个小于或等于 15 英寸(380 毫米）深的凹室时，需要 30 英寸×48 英寸（760 毫米×1 220 毫米)的净地面空间。

◆轮椅侧面进入一个超过 15 英寸（380 毫米)深的凹室时，需要 30 英寸×60 英寸(760 毫米×1 525 毫米)的净地面空间。

◆正常的门廊宽度为：36 英寸(915 毫米)，最小为 32 英寸(815 毫米)。

◆最小的门厅宽度为 36 英寸(915 毫米)。

◆对于两部轮椅来说，正常的门廊宽度为：64 英寸(1 625 毫米)，最小为 60 英寸(1 525 毫米)。

◆一部轮椅的旋转空间为：直径 60 英寸（1 525 毫米)。

◆在 T 形空间，轮椅要求可以旋转 180°；三条走廊的宽度各为 36 英寸(915 毫米)；每个方向的最小深度为 60 英寸(1 525 毫米)。

坐在轮椅上所能够到的最高与最低范围

◆向前移进(脚尖触及墙面)。

向上触及的范围：最大为 48 英寸(1 219 毫米)。

向下触及的范围：最小为 15 英寸(380 毫米)。

◆侧面的范围，椅子与墙之间最大距离 10 英寸(255 毫米)。

向上触及的范围：最大为 54 英寸(1 370 毫米)。

向下触及的范围：最小为 9 英寸(230 毫米)；向下最低触及 15 英寸(380 毫米)是更为习惯的。

◆在侧向，手臂可以伸过尺寸最大为 24 英寸(610 毫米)宽、34 英寸(865 毫米)高的台面。

向上手可以触及 46 英寸(1 170 毫米)的高度。

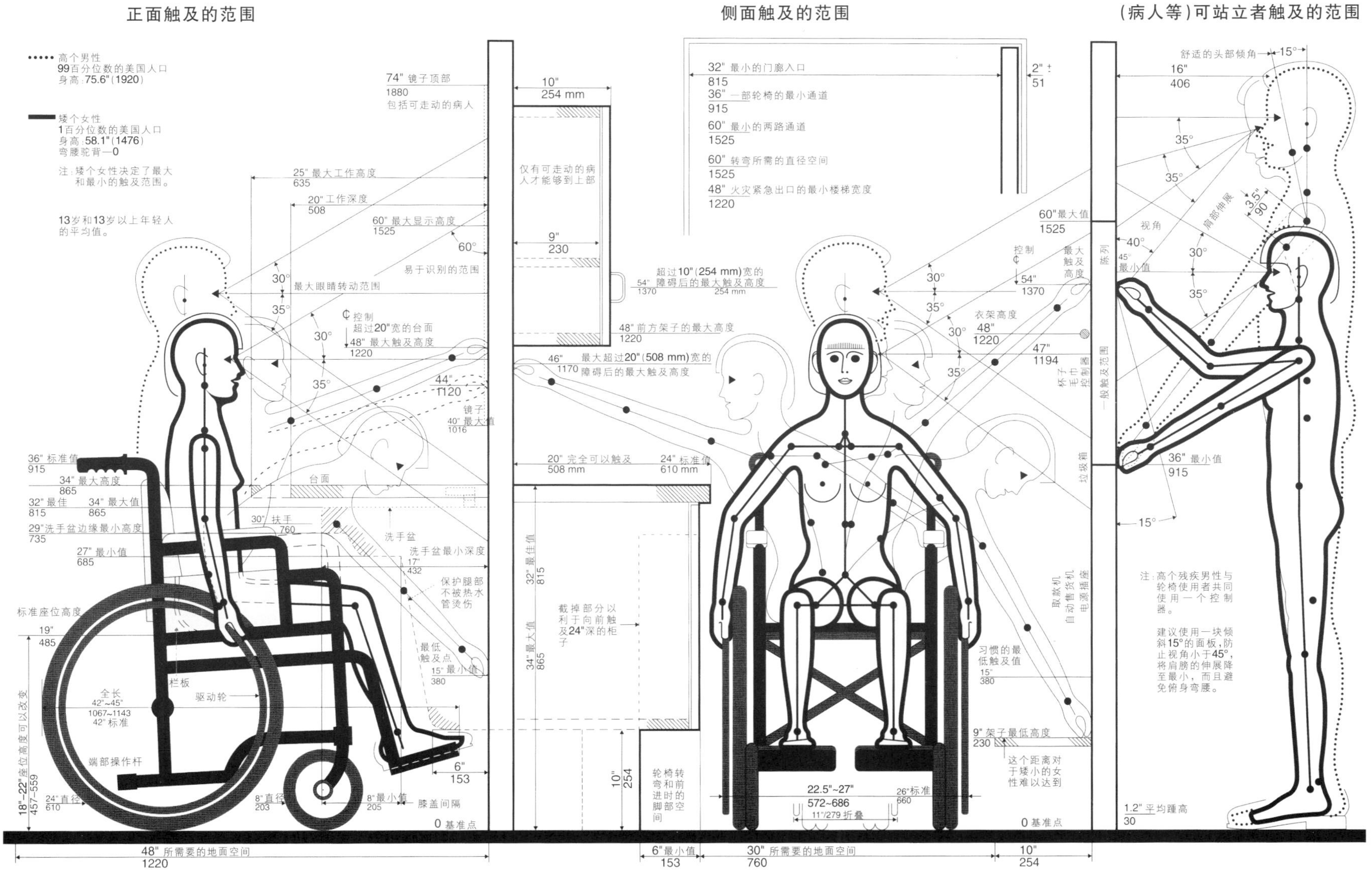
正面触及的范围
侧面触及的范围
(病人等)可站立者触及的范围
高个男性
99百分位数的美国人口
身高:75.6"(1920)
矮个女性
1百分位数的美国人口
身高:58.1"(1476)
弯腰驼背—0
注:矮个女性决定了最大和最小的触及范围。
13岁和13岁以上年轻人的平均值。
74" 镜子顶部
1880
包括可走动的病人
25" 最大工作高度
635
20" 工作深度
508
60" 最大显示高度
1525
60°
易于识别的范围
最大眼睛转动范围
控制
超过20"宽的台面
48" 最大触及高度
1220
44"
1120
镜子
40" 最大值
1016
36" 标准值
915
34" 最大高度
865
32" 最佳
815
34" 最大值
865
29"洗手盆边缘最小高度
735
27" 最小值
685
标准座位高度
19"
485
台面
30° 扶手
760
洗手盆
洗手盆最小深度
17"
432
保护腿部不被热水管烫伤
最低触及点
15" 最小值
380
栏板
驱动轮
全长
42"~45"
1067~1143
42" 标准
端部操作杆
18"~22"座位高度可以改变
457~559
24" 直径
610
8" 直径
203
8" 最小值
205
膝盖间隔
6"
153
0 基准点
48" 所需要的地面空间
1220
10"
254 mm
仅有可走动的病人才能够到上部
9"
230
超过10"(254 mm)宽的障碍后的最大触及高度
54"
1370
254 mm
48" 前方架子的最大高度
1220
46"
1170
最大超过20"(508 mm)宽的障碍后的最大触及高度
20" 完全可以触及
508 mm
24" 标准值
610 mm
32" 最佳值
815
34" 最大值
865
截掉部分以利于向前触及24"深的柜子
10"
254
轮椅转弯和前进时的脚部空间
6" 最小值
153
30" 所需要的地面空间
760
10"
254
32" 最小的门廊入口
815
36" 一部轮椅的最小通道
915
60" 最小的两路通道
1525
60" 转弯所需的直径空间
1525
48" 火灾紧急出口的最小楼梯宽度
1220
2"
51
60"最大值
1525
控制
最大触及高度
陈列
54"
1370
衣架高度
48"
1220
47"
1194
怀子
毛巾
控制器
一般触及范围
垃圾箱
取款机
自动售货机
电源插座
习惯的最低触及值
15"
380
9" 架子最低高度
230
这个距离对于矮小的女性难以达到
22.5"~27"
572~686
26"标准
660
11"/279 折叠
0 基准点
30°
35°
舒适的头部倾角
15°
16"
406
视角
肩部伸展
3.5"
90
40°
45°
最小值
36" 最小值
915
15°
1.2" 平均踵高
30
注:高个残疾男性与轮椅使用者共同使用一个控制器。
建议使用一块倾斜15°的面板,防止视角小于45°,将肩膀的伸展降至最小,而且避免俯身弯腰。

路缘斜坡、门槛标准和轮椅用坡道

畅通无阻的道路不能有台阶，但可以包括自动扶梯。作为各种选择，请参考一下不同类型残疾人所使用坡道的图表。

◆路缘斜坡的最小宽度应为 36 英寸(915 毫米)。斜面坡度应该不超过 1:20(即 1 个单位的高比 20 个单位的深)，底部变宽的面的坡度应为 1:10。如果未开口的人行道长度少于 48 英寸(1 219 毫米)，底部变宽的面的坡度应该不超过 1:12。

◆每个方形踏步适合的最大高度为 0.25 英寸(6.5 毫米)；如果它的高度为 0.25~0.50 英寸(6.5~13 毫米)，就需要 1:2 的坡度。

◆对于一条 30 英尺(9 米)长的坡道应该设计一个 1:12 至 1:16 的坡度。对于一条 40 英尺(12 米)长的坡道，最大坡度为 1:16~1:20。

◆包含楼梯休息平台的最小坡道宽度为 36 英寸(915 毫米)。

◆楼梯平台的长度最小为 60 英寸(1 525 毫米)。

◆楼梯平台的宽度能够允许轮椅转变方向，尺寸为 60 英寸×60 英寸(1 525 毫米×1 525 毫米)。

◆栏杆扶手的高度为 34~38 英寸（865~965 毫米)。

◆如果扶手不是连续的，那么应该在扶手末端与地面平行延伸 12 英寸(305 毫米)。

◆扶手尺寸：直径为 1.25~1.50 英寸（32~38 毫米)。为了防止手从扶手的后面滑脱卡住，应在扶手和墙之间留出一个 1.5 英寸(38 毫米)的空隙。

◆扶手不能是旋转的。

轮椅适用的地面

轮椅易于在坚硬、稳固和规整的平面上通行。柔软和松散的表面，如沙地、碎石和湿黏土地以及不规则的表面，如粗毛地毯都会妨碍轮椅的通行。

通常一般道路的静态系数为 0.6，坡道的静态系数 0.8。

轮椅的应急出口

在设计行人的应急出口通道时，在任何紧急出口楼梯间的两侧扶手之间应提供一个 48 英寸(1 219 毫米)宽的空间，以保证能够抬出乘轮椅者。

为轮椅使用者提供的洗手盆

为轮椅使用者设计卫生间时，洗手盆的最大高度为 34 英寸(865 毫米)。

◆洗手盆从墙里最少伸出 17 英寸(430 毫米)。

◆边缘的最大高度为 29 英寸(735 毫米)。

◆洗手盆以下的腿部空间最少为 27 英寸(685 毫米)。

◆为了确保围护管道不会烫伤使用者，管道与地面最小距离 9 英寸(230 毫米)。在底部从墙里伸出的管道：最大为 6 英寸(150 毫米)。膝盖与洗手盆前沿的间距为：最少 8 英寸(205 毫米)。

◆镜子高度：从地面到镜子底边最大为 40 英寸(1 016 毫米)；从地面到镜子顶部为：74 英寸(1 880 毫米)。有时在扩建的区域需要通长的镜子，来满足所有成年人和孩子们的需求。

◆在洗手盆以下需要提供一块完整的 30 英寸×48 英寸(760 毫米×1 219 毫米)的地面空间。

轮椅使用者的饮水设施

水管的高度，出水口距地板的最大高度应为 36 英寸(915 毫米)。

◆膝部空间：最少为 27 英寸(685 毫米)。

◆管道围护：参见上文的卫生间细部规范。

◆前方与侧面都要留出一个 30 英寸×48 英寸(760 毫米×1 219 毫米)的空间。

供轮椅使用者的小便器和洗手间

当设计洗手间与小便器时应考虑如下的尺度。

◆小便器边缘最大高于地面 17 英寸(430 毫米)，而且应该延长边缘。

◆可以供所有人使用的卫生间座位高度为 18 英寸(455 毫米)。

◆距墙的距离最少为 18 英寸(455 毫米)。

◆扶手：直径为 1.25~1.50 英寸(32~38 毫米)。

◆扶手安装的高度：33~36 英寸(840~915 毫米)。

◆在卫生间后侧的扶手长度：36 英寸(915 毫米)。

◆侧面墙上扶手的长度：最少为 42 英寸（1 065 毫米)，距后墙 12 英寸(305 毫米)；如果安装 36 英寸(915 毫米)长的扶手，距后墙的距离是相同的，只是在墙两侧安装扶手，后墙上可以不设。

◆纸卷架中心线的高度：最少为 19 英寸(485 毫米)，并且距后墙不超过 36 英寸(915 毫米)。

为轮椅使用者提供的电话亭

◆放置电话的架子：深度为 28 英寸(710 毫米)和 18 英寸(455 毫米)。

◆膝部空间：最小限度为 27 英寸(685 毫米)。

◆边墙之间的入口宽度：36 英寸(915 毫米)。边墙可以任意进深。

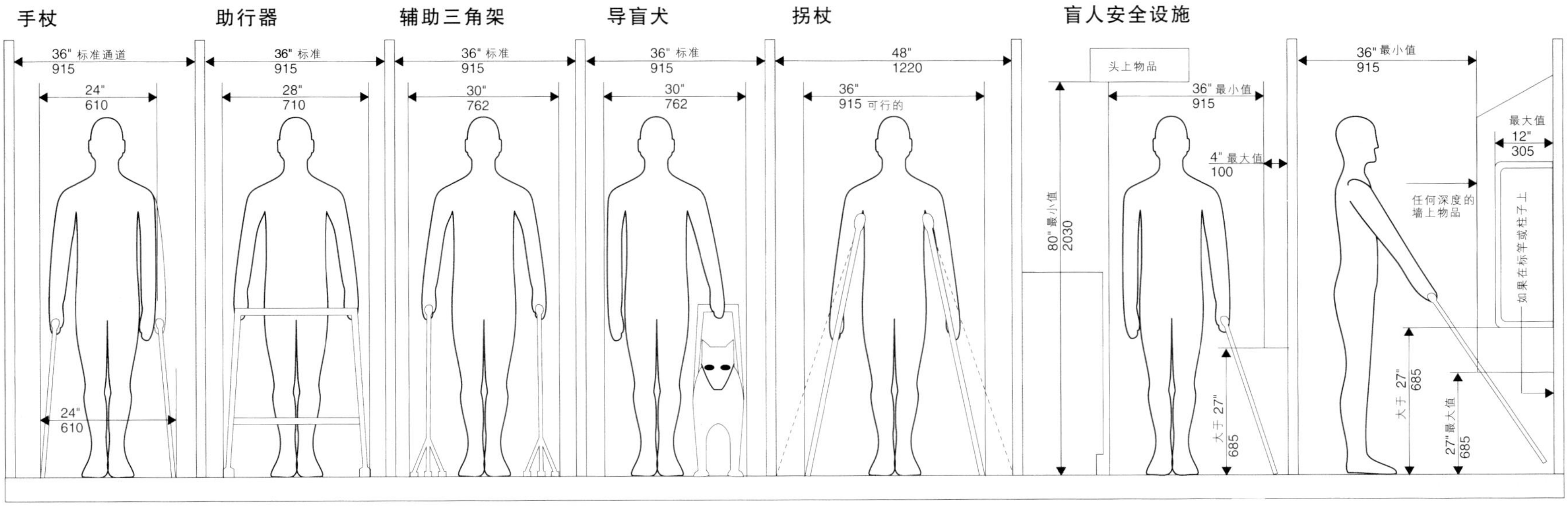

适用于不同类型残疾人的坡道

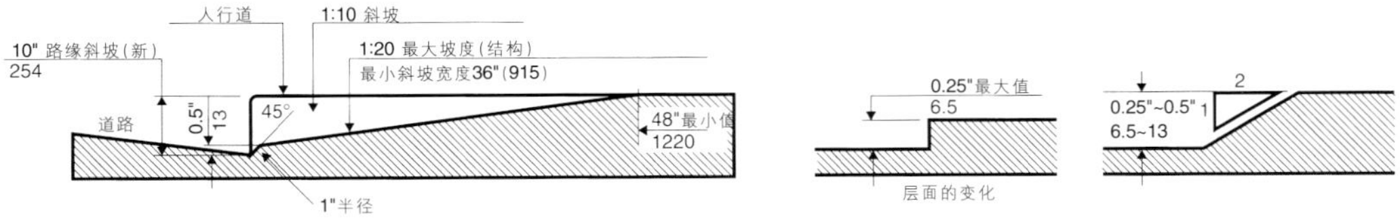

扶手

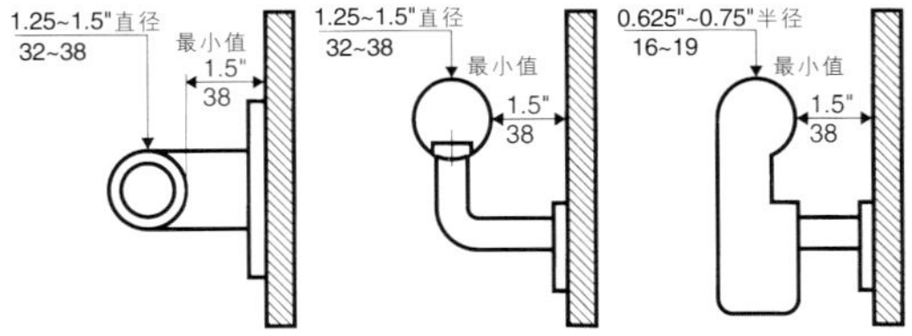

扶手

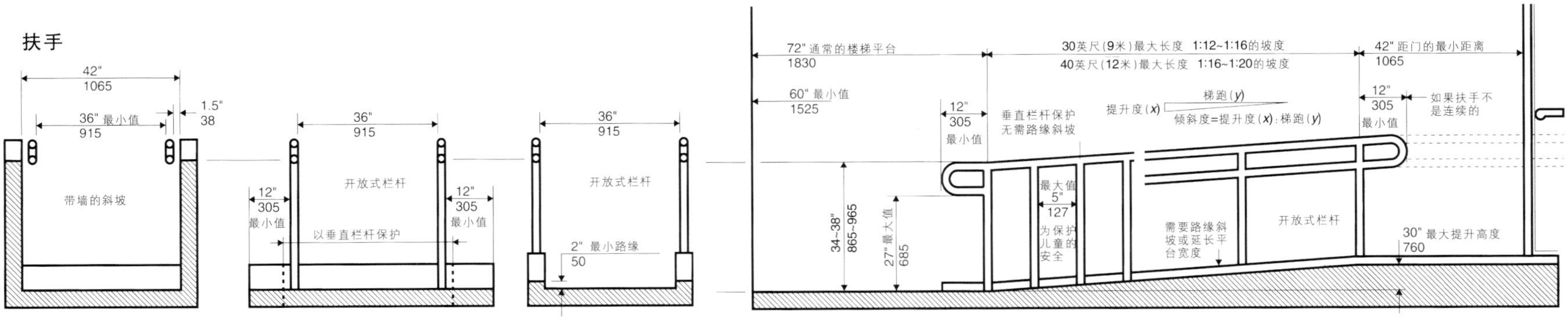

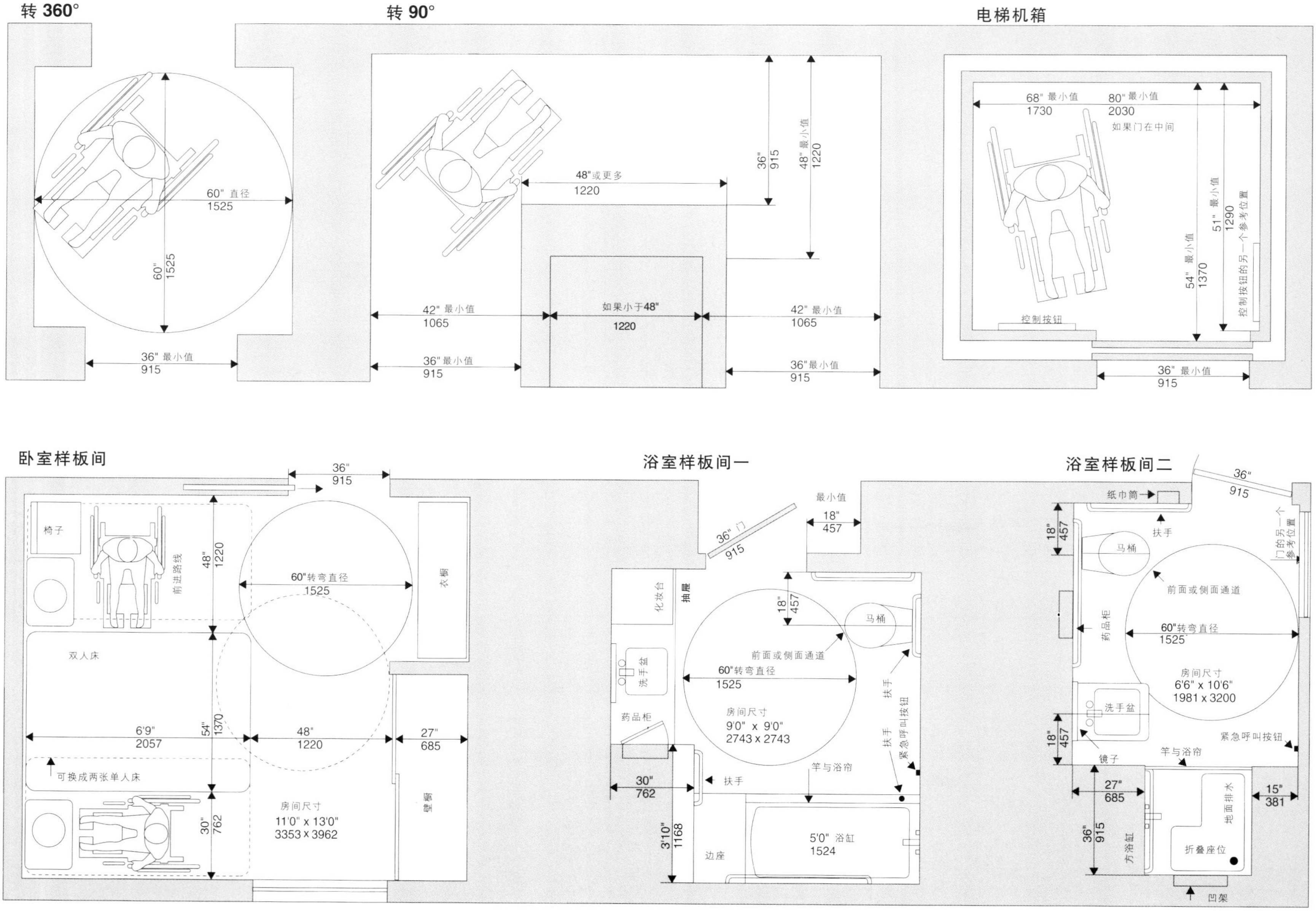

图 21 不同类型残疾人的设计细节

一部轮椅的通道

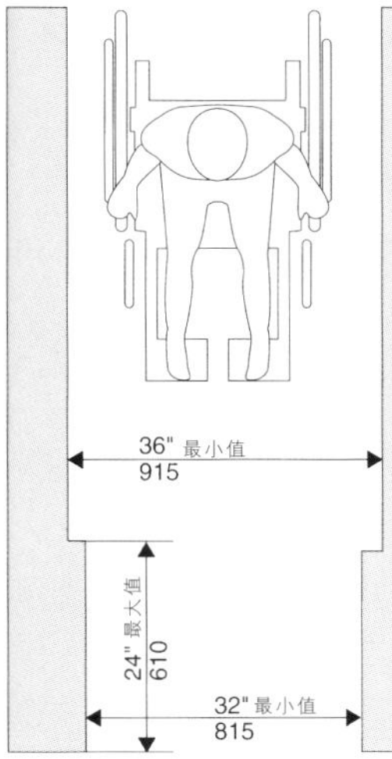

两部轮椅的通道

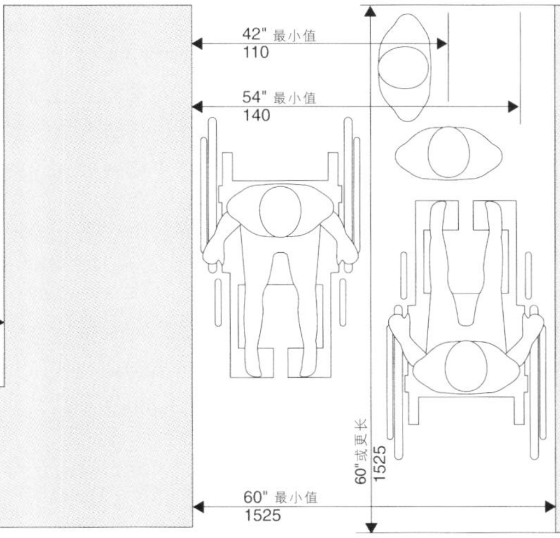

"T"形空间或旋转 180°

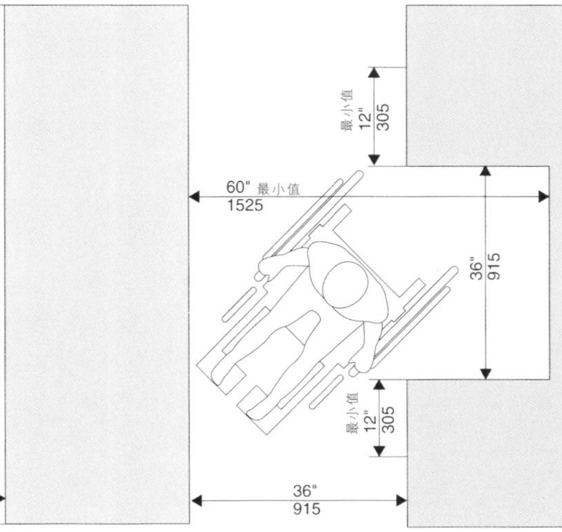

公共厕所

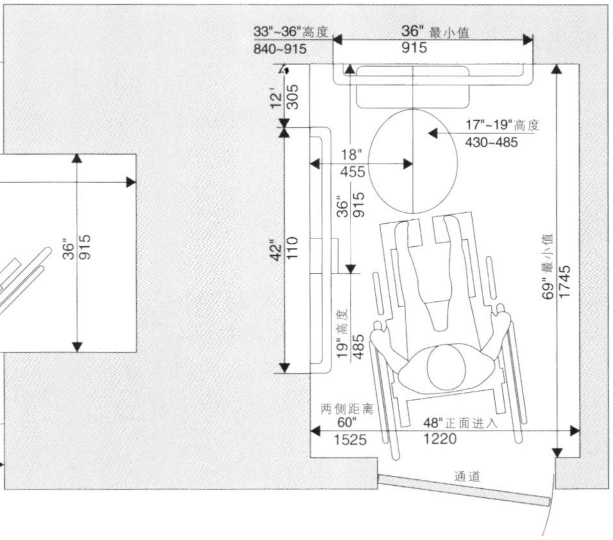

厨房样板间

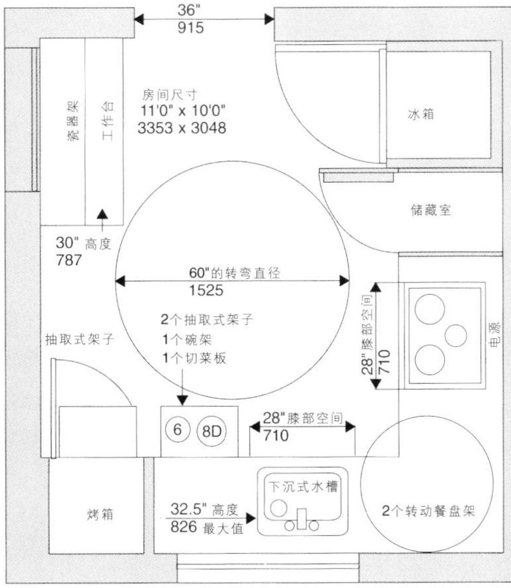

餐厅样板间

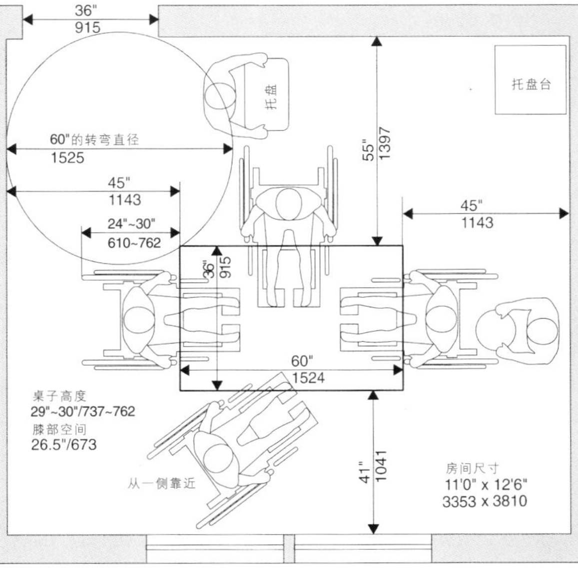

公用电话

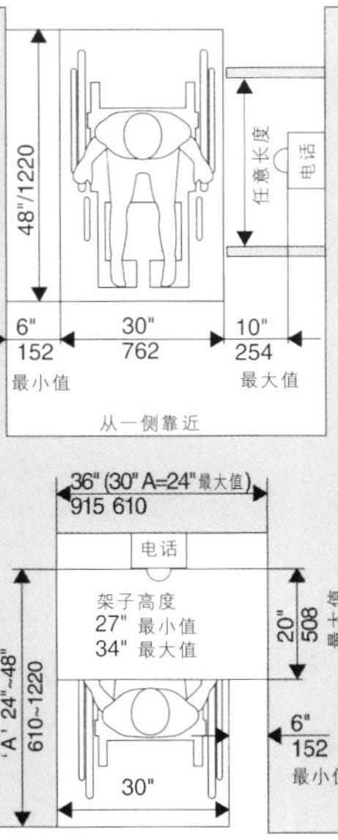

休息室入口

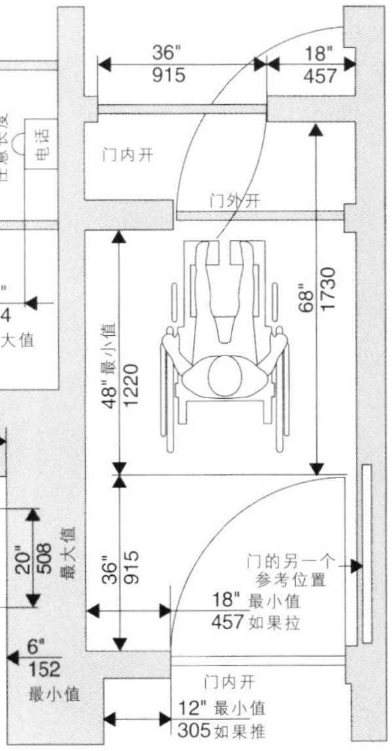

聋人使用的通讯设备

聋人的通讯设备(TDD,Telecommunication Devices for the Deaf)是供有听觉损伤或交流失调的人使用。该设备有时也被称为“文本电话”(text phone),它有一个阅读显示器和一个可以输入文字的键盘。这种电话也可以像磁卡电话一样使用。

一部文本电话需要准备一个至少10英寸×10英寸(255毫米×255毫米)的架子和一个最小6英寸(150毫米)的垂直空间,来放置一部便携式的文本电话。这时,必须提供一个110伏的电源插座,而且从投币装置引出足够长的听筒线与便携文本电话连接。

文本电话具有发送与接受传真的功能。

这些电话带有国际文本电话符号，符号是一个水平放在键盘上的电话听筒。

坐在轮椅上从侧面触及的最高点（投币口或功能键)必须不超过54英寸(1 370毫米),从正面来讲不超过48英寸(1 220毫米)。

在半封闭的电话亭里，所有的翼形围墙从地面或人行道上计算的高度必须为27英寸(685毫米),或者更低,目的是为了帮助和保护拄着拐杖的人。

如果电话亭深度低于24英寸(610毫米),墙间距最小限度为30英寸（760毫米）；对于超过24英寸(610毫米）深的电话亭，墙间距最小限度为36英寸(915毫米)。在任何情况下,放置电话的架子都需凹进4英寸(100毫米)。(对于仅能从侧面接近的电话亭,架子可以与墙边缘平齐。)

半封闭的电话亭可能会是设置在墙上，或者置于一根柱子或竿上。

助听设备的广泛适用性和辅助听力系统

◆使用音量控制符号，符号是一个垂直的带有放射状曲线的电话听筒(听筒朝右)。

◆辅助听力系统应该安装于集会区域。

这些系统由听力受损者所使用的专门国际符号来识别。

针对弱视者的设计

虽然可以训练导盲犬去识别和避开障碍物，但是大多数弱视者接受训练以两种方式去使用手杖。第一种技术方法是用在无法控制的区域，而第二种则是在熟悉的区域。

1.手杖从一边到另一边呈弧形敲击地面,敲击点位于两个肩膀外大约6英寸(150毫米)处。通过这种方式,可以探知高度低于27英寸(685毫米)以下的墙与障碍物;盲人的手或胳膊将会碰到高于27英寸(685毫米)的物体,并且容易造成混乱和伤害。

2.手杖以对角线方向伸向使用者身前,尖端几乎能够触到另一侧肩膀前的地面，手柄的位置在肩膀之外。

出于安全性考虑,楼梯下面27到80英寸(685到2 030毫米)的范围必须是封闭的。

对于弱视者的其他保护措施：

◆为安全起见,要保持与墙平行行走,障碍物不得高于地面27英寸（685毫米），而且通道至少保留36英寸(915毫米)宽。

◆当存在平行于墙的通道时，高度高于27英寸(685毫米)的灯箱或类似物,最多只能突出墙外4英寸(100毫米)。

◆如果电话支架高度低于27英寸(685毫米),那么允许墙上安置的电话等突出物挑出。

◆安装在柱竿上的电话仅可以从柱竿上挑出12英寸(305毫米);柱竿必须高于27英寸(685毫米),以便手杖可以探触到柱竿。

◆树立在头顶以上的标志物距地面的高度绝不能低于80英寸(2 030毫米)。

◆在行进方向上的地漏开口最大尺寸不能超过0.5英寸(13毫米)。更长的开口都必须以垂直于行进的方向安装。

◆对于那些行走困难的人、使用拐杖、手杖的人，或者容易摔跤的人，需要为他们提供可以安全行走的通道和台阶。

信号

放置于头顶上的信号标志需高于80英寸（2 030毫米),大写字母最小要3英寸长(并不要求所有字母全部大写),保证75英寸(23米)以外能够看到。若在一个15英尺(4.6米)的近距观察时,最小字母长度为0.625英寸(16毫米)。

所有字母的宽与长比例在3:5和1:1之间,并且每一笔画的宽与长比例在1:5和1:10之间。

使用粗糙或其他不反光的材料书写，可以使用的字体包括如下：

Serifs

Bodoni

Century Schoolbook

Garamond,Garamond Bold

Glypha,Glypha Bold

Palatino

Times Roman

Self-serifs

Helvetica,Helvetica Bold,Helveica Condensed,and Helvetica Condensed Bold

Futura,Futura Condensed Bold

Univers 55

带有凸起和盲文字母的标志物应安置在从标志中心距地面60英寸(1 525毫米)的位置。

标志下面要有长度为0.625~2英寸（16~50毫米)、凸起0.031英寸(0.79毫米)的布莱叶二级盲文(grade-2 Braille)字母。这些标志需远离危险区域,对于房间与空间来说都要有永久性的识别标志。

轮椅使用者的电梯

为方便轮椅的使用，电梯门最小要36英寸(915毫米)宽。有两种电梯可以满足使用要求。

1.一种为一侧开门,并且最小机厢内尺度为68英寸宽(1 730毫米)和51英寸(1 290毫米)深。

2.另一种形式是在中心线上设门,最小机厢内尺度为80英寸(2 030毫米)宽和51英寸(1 290毫米)深。采用中心式门，控制面板可以设置于门的任意一侧。

注意下列关于电梯控制按钮和其他特征的问题。

◆控制按钮最小直径为 0.75 英寸(19 毫米),需要凸出或闪烁。

◆楼层指示和标志最好位于每个按钮的左侧。按钮最后一排左侧设有“紧急警报”按钮,在“急停”按钮左侧有一个凸出的八角形符号。在“急停”按钮上面的是“关门”按钮,左侧是“开门”按钮。

◆楼层指示是凸出的,并且发亮。要为盲人提供盲文指示。

◆保证当轮椅从侧面进入电梯时,按钮不能高于 54 英寸(1 370 毫米);当轮椅从正面进入电梯时,按钮不能高于 48 英寸(1 219 毫米)。任何紧急按钮的中心线距地板的距离不得低于 35 英寸(890 毫米)。

◆电梯机厢与电梯井边沿的间距应不超过 1.25 英寸(32 毫米)。

◆电梯的楼层指示应安装在控制面板的上面或电梯门的上面。当电梯通过或停止时,楼层指示灯将亮起并且发出可以听到的信号。指示楼层的数字长度最小为 0.5 英寸(13 毫米)。可以听到的声音信号不低于 20 分贝,频率不高于 1 500 赫兹。

◆所有电梯井的入口处高度都应该稍加提升,并且两侧门柱上需 2 英寸(51 毫米)长的盲文楼层指示。这些指示的中心高于地板 60 英寸(1 525 毫米)。

◆指示电梯上下方向的发亮的指示装置应高于地面 72 英寸(1 830 毫米)。它们最小的尺寸应为 2.5 英寸(64 毫米)。

◆呼叫按钮的直径至少 0.75 英寸(19 毫米),应位于地面以上 42 英寸(1 065 毫米)的中心位置。

运载轮椅的台式电梯

运载轮椅的台式电梯是可行的,但是它们必须遵循美国机械工程师协会 (ASME,American Society of Mechanical Engineers)A17.1 关于电梯和电动扶梯的安全设施标准法规的第二十款规定(1990 年)。

盲人或弱视者的设计注意事项

当为盲人或弱视者进行设计时需作如下考虑。

◆在危险区域使用 42 英寸(1 067 毫米)高的栏杆和 6 英寸(152 毫米)高的路缘坡道。

◆避免设置突出障碍物,以免出现绊倒的危害,不悬挂较低的障碍物。

◆避免设计开敞的楼梯和楼梯前缘的装饰。

◆地面上的开口要在 6 英寸(152 毫米)以下,以防手杖尖端插入。

◆比起曲线和螺旋形图案,盲人更易于“理解”直角网格的图案。

◆使用盲文。

◆凸出的字母应该有 0.4 英寸(10 毫米)的厚度,并放置于地面以上 60 英寸(1 500 毫米)的高度。

◆把手的背面隆起,门上的球形把手可以提示通向危险区域。

◆对于视觉信号需增加音响信号。

◆与电炉相比,残疾人更愿意使用煤气炉,因为煤气炉在点燃后是可以听到燃烧的声音的。

◆坚硬的表面可以协助盲人探测声音。

◆为避免绊倒,减少地板层面的变化。

聋人或听力障碍者的设计注意事项

当为聋人或听力障碍者进行设计时需作如下考虑。

◆为听觉标志增加视觉标志。

◆强调印刷品、标志物和图片的作用。

◆提供传真。

◆扩大声音信号的音量,例如扩大电话声音和铃声等。

◆为表达障碍者提供文本电话。

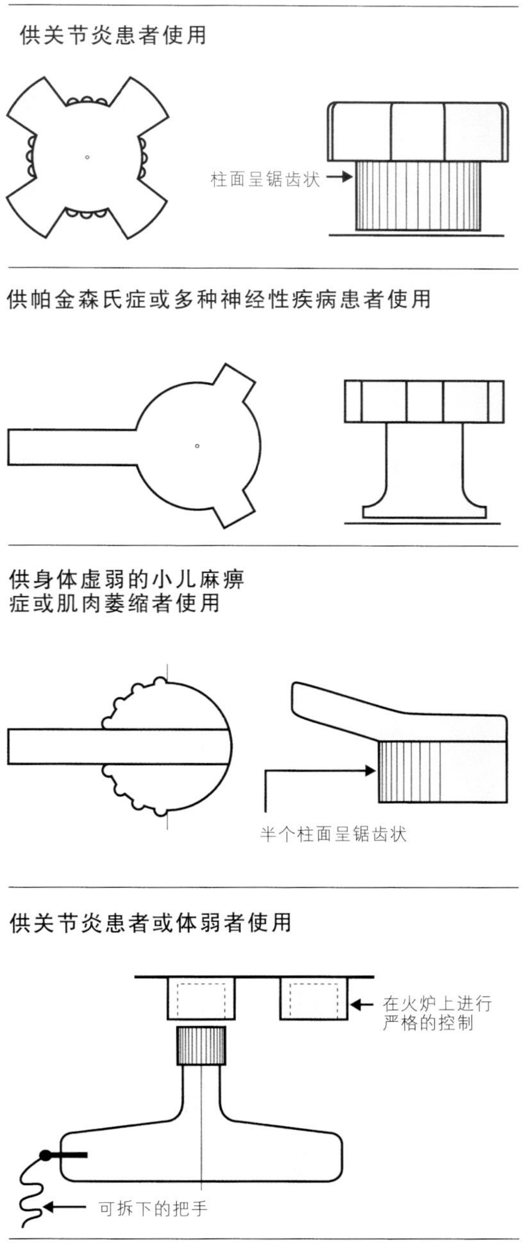

供不同类型残疾人使用的手动控制装置

座　椅

座椅是一项有意思的研究，因为坐椅子的人们会有各种尺度和比例，并且椅子的用途也是不同的。人们坐下来吃饭，坐着联系工作，晚上坐在家里聊天、读书、看电视，或是做喜欢作的事。一些椅子在设计时似乎没有考虑使用者的需要，没有考虑尺寸或高度，也没有考虑对于腰部的支撑或者正确的扶手设计。人们常会有自己衷爱的椅子，但许多人买家具多出于样式的原因，随后就会变得不满意他们的选择。

餐椅

餐椅结构简单，就坐的时间不会太长；它可以用于研究、阅读和写作。

今天的标准餐桌为 28 英寸高(711 毫米)。

◆座椅前缘和桌子顶部之间的垂直距离最好在 9~12 英寸(230~305 毫米)。

◆座椅前缘距地板 16.5 英寸(420 毫米)，到桌面距离 11.5 英寸(290 毫米)。

◆座椅长度不应超过 16 英寸(406 毫米)，宽度应该不小于 16 英寸(406 毫米)。

◆座椅表面应该是水平的，并且腰部支撑应使臀部保持 90°~95°。膝盖角度在 90°大小。注意臀部角度不要扭曲，不要影响消化。

◆椅子上可以铺椅垫：椅垫采用一种易于清洗的 0.75 英寸(19 毫米)厚的泡沫材料制成。

◆矮个子如果不踩着脚凳，脚就够不到地。

通用的办公椅

通用的办公椅比餐椅复杂，因为它必须提供两种姿势，一种是直立的，另一种是放松的。后者模仿了汽车座椅的形式，为许多成年人衷爱。

◆椅子的前缘要求可以作 5 英寸(125 毫米)的调整，这样椅面高度可以从 14.5 英寸(370 毫米)到 19.5 英寸(495 毫米)，来适合所有成年人。

◆椅子从前到后的深度应在 16 英寸（406 毫米）左右，可以满足所有成年人的尺度。

◆椅子的宽度应为 16~22 英寸(406~560 毫米)。

◆椅垫为 2 英寸(51 毫米)厚的无底泡沫材料。

◆座椅角度调整：可以从水平面作 0~15°调整。

◆椅背角度调整：从垂直方向作 0~15°调整。

◆靠背的高度：对于胸廓和肩膀的支撑需 25 英寸(635 毫米)；对于头部的支撑需 36 英寸(915 毫米)；胳膊可触及 15.7 英寸(400 毫米)。

◆腰部高度的中心（可以从椅面参考点上进行调整)：7~11.5 英寸(178~292 毫米)，内与外可以调整最小为 2 英寸(51 毫米)。

◆靠背垫应该是 1~2 英寸(25~51 毫米)厚的软泡沫，采用一种弧形的背来防止滑向一侧；太大的凹陷会压迫肺部。弧形靠背 40 英寸(1 000 毫米)的半径是合适的。

◆座垫材料应舒适、透气，有摩擦力。避免使用粗糙的织物纤维。

◆座面以上 3 英寸不需要有靠背；这个空间是留给臀部的。

◆椅子座垫和靠背底边均呈圆形：圆形顶端半径为 0.5 英寸(12.7 毫米)。

◆扶手间距：19 英寸(483 毫米)。扶手宽度为：2~3.5 英寸(51~89 毫米)。扶手长度为：如果在桌上工作，根据椅面的参考点，扶手长 10 英寸(254 毫米)；如果不是在桌上工作的话，为 12 英寸(305 毫米)。柔软的扶手垫采用织物材料；环绕扶手半径 0.5 英寸(12.7 毫米)。

◆椅子应该可以旋转，有五六条腿用于稳定支撑。

座椅变化

插图显示了四种姿势下的座椅变化。

◆办公座椅有利于集中注意力或引起警惕性。

◆休闲椅用于思考问题、日常使用以及旅行放松。

◆带靠背的安乐椅，靠背倾斜角度达 30°甚至更多；增加一个头枕和矮脚凳将会更舒服。

◆躺椅是供单人使用的最佳选择。人完全躺着的时候目光是向上的，所以不利于阅读、看电视或者交谈。而且基座也支撑不了椅子后背的负荷。

座椅的高度在前边最好可以调整 5 英寸（125 毫米)，这样椅面到地面的垂直高度为 14.5 英寸(370 毫米)到 19.5 英寸(495 毫米)。

座垫中间应该是泡沫，大约 2 英寸(51 毫米)厚。扶手垫应为 0.5 英寸(13 毫米)的半径厚，环绕扶手上部边缘的半径为 0.5 英寸(13 毫米)厚。

供男女使用的计算机椅

上文的“通用的办公椅”，提供了座椅的大部分详细信息。

首先以插图形式反映了 1 到 99 百分位数使用计算机工作的女性。首先看到键盘是活动的，并有一定的倾角；显示器是可以旋转的，加以垂直调整，并且能够倾斜减少反光。

无论操作者是喜欢在短时间以直立坐姿工作，还是以类似于坐汽车座位一样长时间放松坐姿工作，椅子都是可以调整的。

仅对女性来说，桌子的高度可以在 23~29 英寸(585~735 毫米)之间调整。一种适合所有女性的折中桌子高度为 26 英寸(660 毫米)，但是鼠标不能在肘部高度以上的桌子使用。

身材矮小的女性在孕期身材尺度可能比较大。

注意插图中没有绘制额外增加的椅子腿。

注意插图反映了 1 到 99 百分位数操作计算机工作的男性。首先看到键盘是活动的，并有一定的倾角；显示器是可以旋转的，加以垂直调整，并且能够倾斜减少反光。

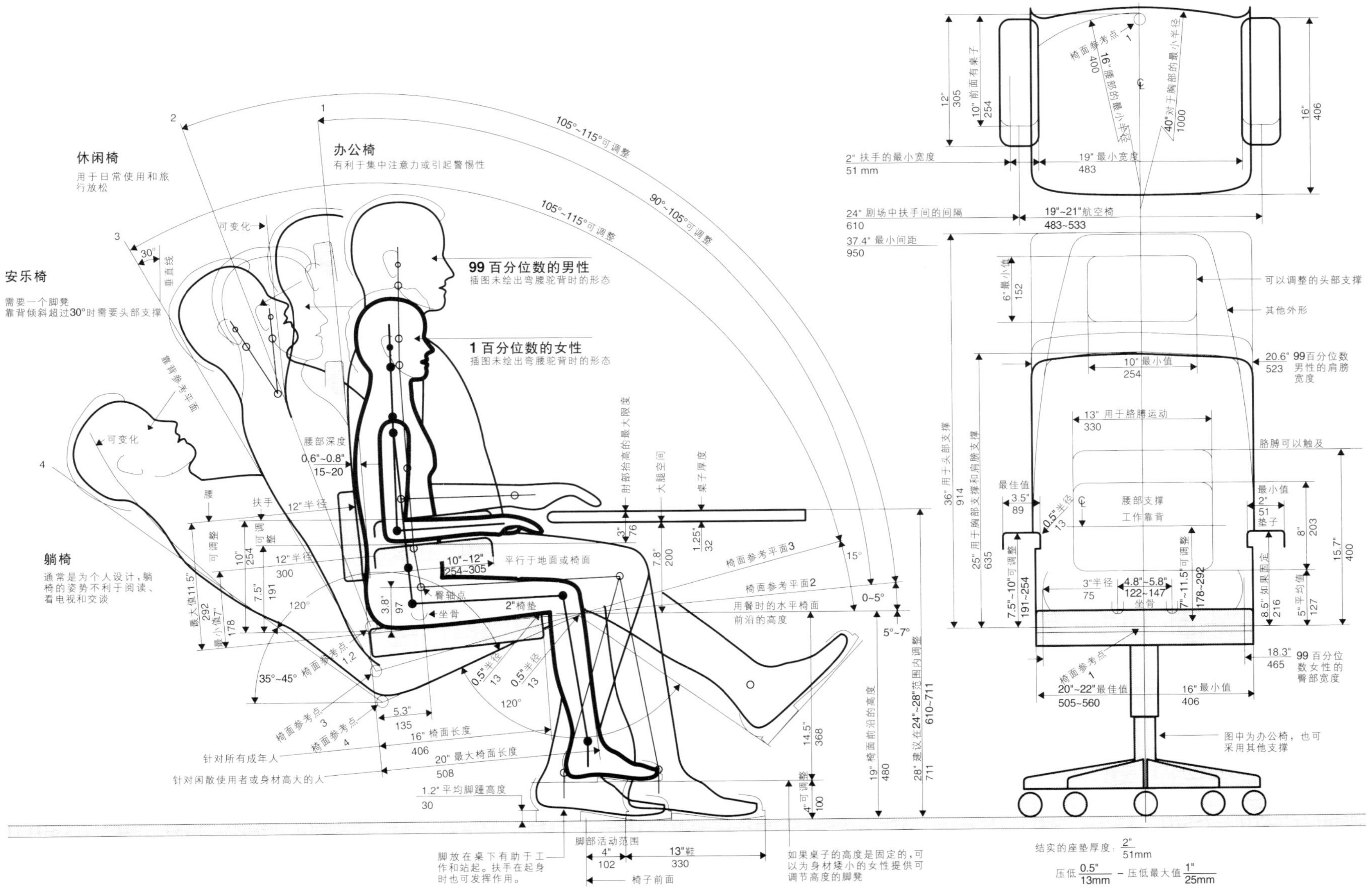

休闲椅
用于日常使用和旅行放松
办公椅
有利于集中注意力或引起警惕性
安乐椅
需要一个脚凳
靠背倾斜超过30°时需要头部支撑
躺椅
通常是为个人设计，躺椅的姿势不利于阅读、看电视和交谈
99 百分位数的男性
插图未绘出弯腰驼背时的形态
1 百分位数的女性
插图未绘出弯腰驼背时的形态
105°~115°可调整
90°~105°可调整
可变化
垂直线
靠背参考平面
腰部深度
0.6"~0.8"
15~20
肘部抬高的最大限度
大腿空间
桌子厚度
扶手
12"半径
可调整
10"
254
7.5"
191
300
最大值11.5"
292
最小值7"
178
120°
3"
76
7.8"
200
1.25"
32
10"~12"
254~305
平行于地面或椅面
臀轴点
坐骨
2"椅垫
3.8"
97
椅面参考平面3
椅面参考平面2
用餐时的水平椅面前沿的高度
15°
0~5°
5°~7°
35°~45°
椅面参考点
0.5"半径
13
5.3"
135
16" 椅面长度
406
20" 最大椅面长度
508
针对所有成年人
针对闲散使用者或身材高大的人
1.2" 平均脚踵高度
30
14.5"
368
4" 可调整
100
19" 椅面前沿的高度
480
28" 建议在24"~28"范围内调整
610~711
711
脚放在桌下有助于工作和站起。扶手在起身时也可发挥作用。
脚部活动范围
4"
102
13"鞋
330
椅子前面
如果桌子的高度是固定的，可以为身材矮小的女性提供可调节高度的脚凳
12"
305
10" 前面有桌子
254
16"
406
2" 扶手的最小宽度
51 mm
19" 最小宽度
483
16" 对于小腿部的最小半径
400
40" 对于胸部的最小半径
1000
24" 剧场中扶手间的间隔
610
19"~21"航空椅
483~533
37.4" 最小间距
950
可以调整的头部支撑
其他外形
6" 最小值
152
10" 最小值
254
20.6" 99百分位数男性的肩膀宽度
523
13" 用于胳膊运动
330
胳膊可以触及
36" 用于头部支撑
914
25" 用于胸部支撑和肩膀支撑
635
最佳值
3.5"
89
0.5"半径
13
腰部支撑
工作靠背
最小值
2"
51
垫子
8"
203
15.7"
400
7.5"~10"可调整
191~254
3"半径
75
4.8"~5.8"
122~147
坐骨
7"~11.5"可调整
178~292
8.5" 如果固定
216
5" 平均值
127
18.3"
465
99 百分位数女性的臀部宽度
20"~22"最佳值
505~560
16" 最小值
406
图中为办公椅，也可采用其他支撑
结实的座垫厚度：2"/51mm
压低 0.5"/13mm － 压低最大值 1"/25mm

男性也喜欢在短时间以直立坐姿工作，或是以类似于坐汽车座位一样长时间放松坐姿工作。

对男性来说，桌子的高度可以在25~31英寸(635~785毫米)的范围内调整，一种适合所有男性的折中桌子高度为28.25英寸(718毫米)。

另一种适合男性与女性的固定桌子高度为28.25英寸(720毫米)。如果仅有放置键盘的可调整高度的台架，台架大小必须足以在上面使用鼠标，台架的调整范围在23~28.25英寸(585~720毫米)之间。

还要注意下列问题：

◆显示器的高度调整范围为7英寸(180毫米)。

◆腰部高度最小调整范围为上下7~11英寸(180~280毫米)，前后2英寸(50毫米)。

◆为防止腕管综合症（Carpal Tunnel Syndrome)，应使前臂与手腕保持为几乎一条垂直线，并且经常进行休息。

◆为避开电磁区域，与阴极射线管(显示屏)保持一臂距离。操作者应与任何其他显示器保持至少48英寸(1 220毫米)距离。

◆阴极射线管的朝向不应高于水平视线，并且不低于水平视线40°以下。

供男女使用的标准操作台

人们改进军用设计后，重新设计了四种标准控制台，供男女使用；它们的适用范围从1百分位数的女性到99百分位数的男性。注意这里展示了有几种类型的腿部支撑来帮助身材矮小的女性和男性。

第一种设计是简洁的，分为视线过顶与不过顶两种方式。阴极射线管(监控屏)固定于15°倾斜的面板上。键盘可以移动，并且倾斜放置在一个15英寸(380毫米)宽的台架上，从而易于控制显示器面板。台架的高度为28英寸(710毫米)。

对于不过顶的控制台，可以将显示器设置在顶部的面板区域。图中显示了可以移动的脚凳，同时也可以把脚放在椅子穿上。

第二种操作台采用一种复合的形式，有许多面板高度达68英寸(1 727毫米)。一个可移动的键盘放在13英寸宽(330毫米)的台架上，空间足以放置手臂和笔记本。台架高度为28英寸(710毫米)。不经常使用的按键被置于50°~35°的面板上。手动控制按钮不应超过矮个女性的水平视线，只有显示器可以高于视线之上。

第一和第二种操作台的座椅类似于上文提及的“通用的办公椅”。对于复合操作台而言，在脚轮的上面增加一圈椅穿。

以上两种操作台的脚部空间都将满足99百分位数的男性。

坐/站式操作台是复杂的；如果需要，它能允许操作者走较长的距离。如果经常在一个地方工作，可以提供一把28~32英寸(711~815毫米)高的椅子。坐在椅子上时，脚后跟离地12英寸(305毫米)。这么高的座椅安装脚轮是比较危险的，所以只画出了滑轨。插图中绘出了在操作台的后墙上安装有可调节高度的搁脚板。因为控制面板倾斜远离站立的人，因此设一个10英寸(254毫米)宽、40英寸(1 015毫米)高的台架用于操作者做记录。

操作台的最佳宽度是24英寸(610毫米)，最大的有效宽度为28英寸(710毫米)。如果需要，坐/站立的操作台可以与墙一样长。

第四种操作台是一种环绕的设计，可以适应于第一种的视线过顶与不过顶两种方式的操作台。在这一设计里，中央面板仅有24英寸宽(610毫米)，每侧各有一个小的12英寸(305毫米)宽的辅助面板——与中央面板成135°。

这种环形操作台能够提供双倍的工作空间。

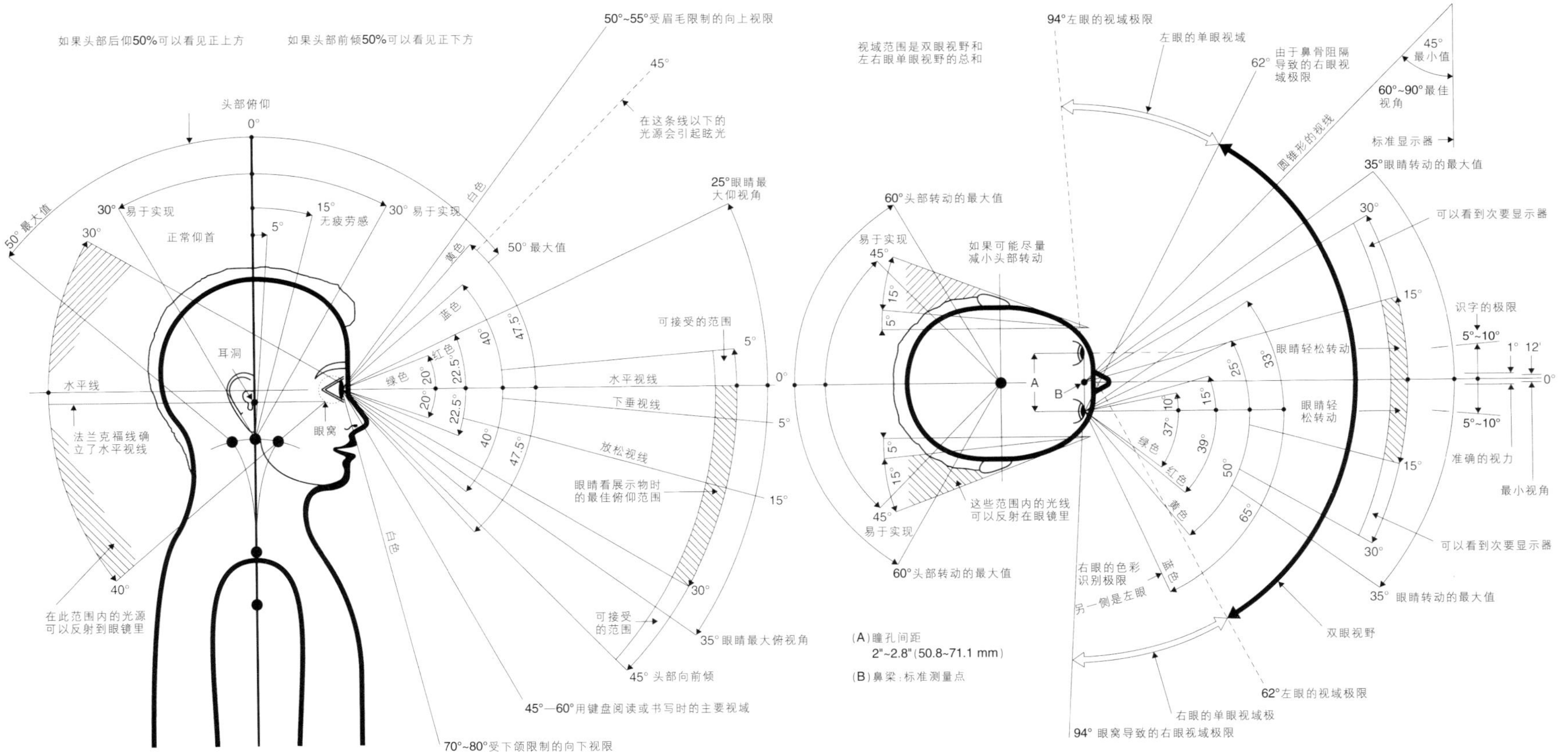

眼睛最近距离(平均值)

0岁婴儿~10周法定是看不到东西的
2.4"/61mm青少年
4"/102mm 20岁
8.75"/222mm 40岁
40"/1 016mm 60岁

成年人实际的阅读距离

13"/330mm对于近距观看的最小值
16"/406mm阅读距离的最小值
18"~24"/457~610mm阅读标准显示器
28"/711mm视线范围内的显示器
任意距离,如果显示器是按距离设计的。

色盲

男性3.5%
女性0.8%

佩戴眼镜

占美国6岁以上人口的54%

使用和相关信息的图表说明

颜色的盲区随视线变化。
随着头部转动,眼睛也倾斜转动。
色彩分辨能力会随着色彩、区域、对比度和明暗度变化。
不规则的色彩模式会导致黄色和蓝色的混乱。
16~35岁时具有最好的色彩辨别力,超过66岁会变弱。

美国人口中 **99** 百分位数身材高大的男性

美国人口中 **1** 百分位数身材矮小的男性

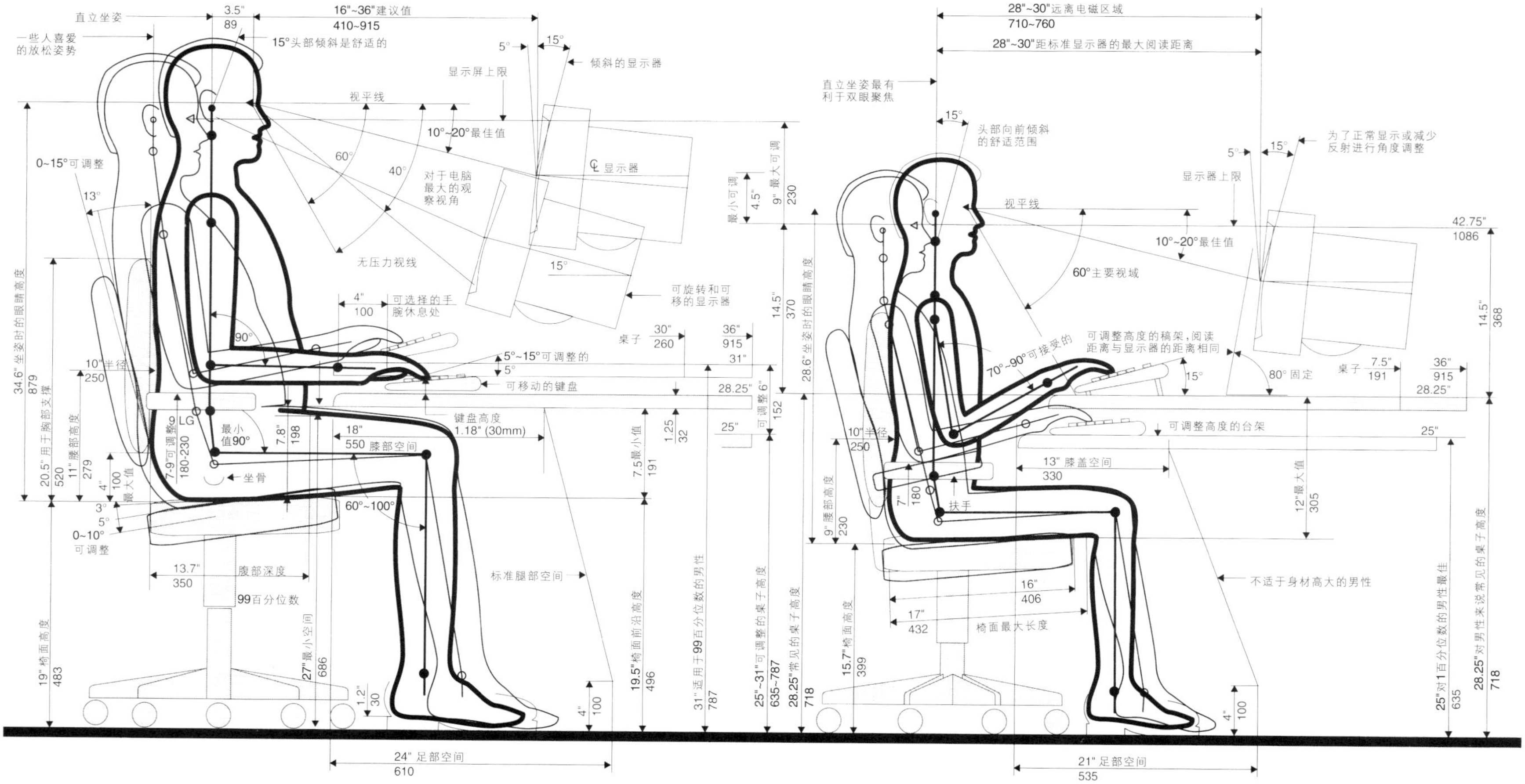

为了舒适、安全和保护目的，使用高度可以调整的桌子。对于男性可调整范围：$\frac{25"\sim31"}{635\sim787}$。

另外可使用折中的固定高度 $\frac{28.25"}{718}$，并且提供可调整高度的椅子，调整范围：$\frac{15.7"\sim19"}{399\sim483}$。

可以满足所有成年人（男性和女性）需要的可调整高度的桌子，调整范围：$\frac{23"\sim31"}{584\sim789}$，以及可调整高度的椅子，调整范围：$\frac{14"\sim19"}{356\sim483}$。

另外，可以设计适用于所有成年人的固定高度为 **28.25"**（718 mm）的桌子。也可使用仅供键盘使用的可调高度的台架，调整范围：$\frac{23"\sim28.25"}{584\sim718}$。最佳显示器高度 $\frac{7"}{178}$。

供男性使用的计算机工作台

美国人口中 **99** 百分位数身材高大的女性　　　　美国人口中 **1** 百分位数身材矮小的女性

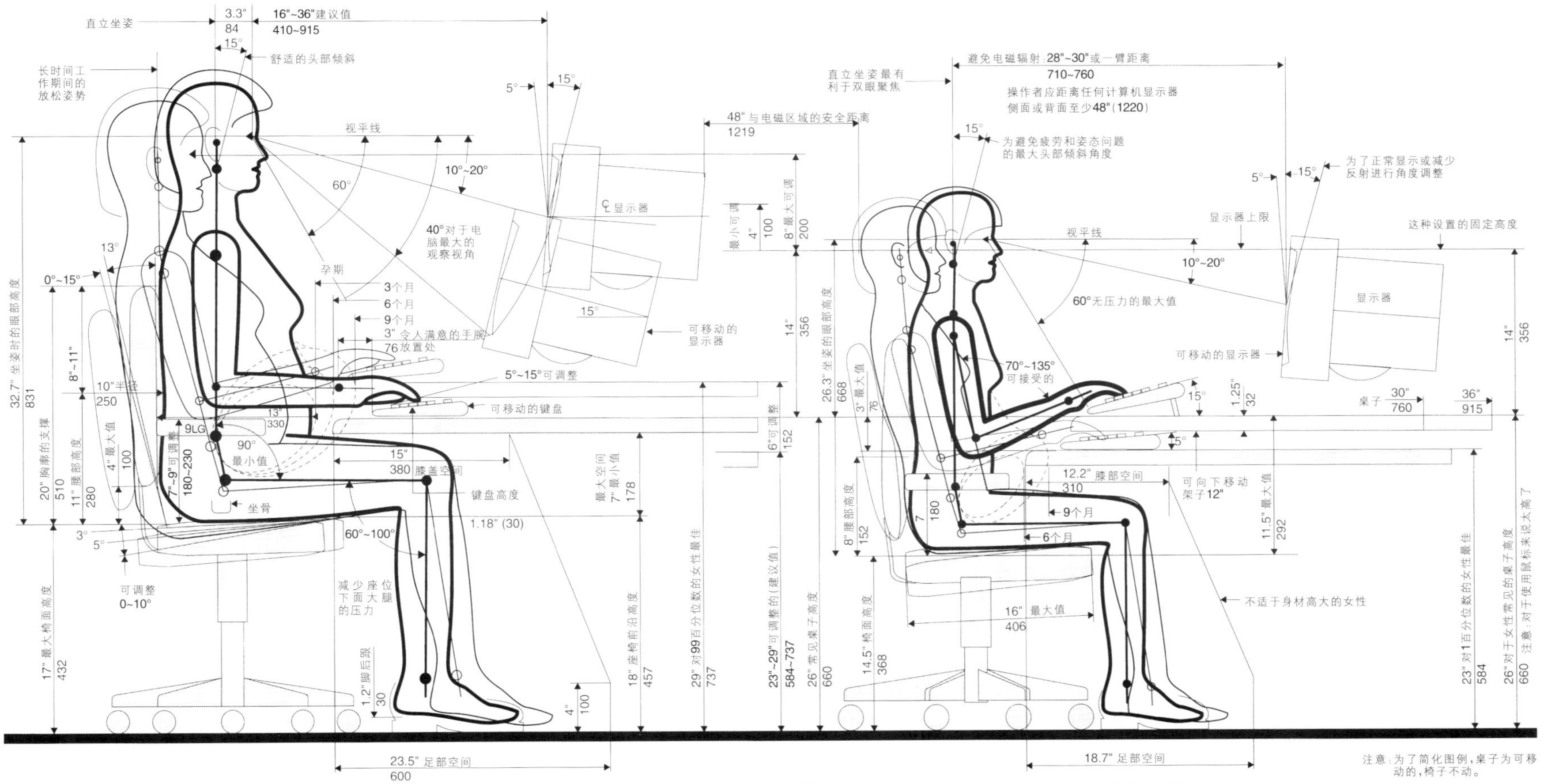

避免使用脚凳的两种方法:

1. 为女性提供可调整高度的桌子,调整范围: $\frac{23''\sim29''}{584\sim737}$,

2. 对于女性固定的折中高度为 $\frac{26''}{660}$。

注意:如果桌子高于肘部则不适宜使用鼠标。

注意:为避免腕管综合症,应保持手和前臂在一条直线上并经常休息。肘的角度可以在70°~135°内变化。

为满足所有成年人的舒性与安全性:

使用可调整高度的桌子 $\frac{23''\sim31''}{584\sim784}$,

并且椅面高度可调整,调整范围: $\frac{14''\sim19''}{356\sim483}$。

注意:为了简化图例,桌子为可移动的,椅子不动。

供女性使用的计算机工作台　图 26

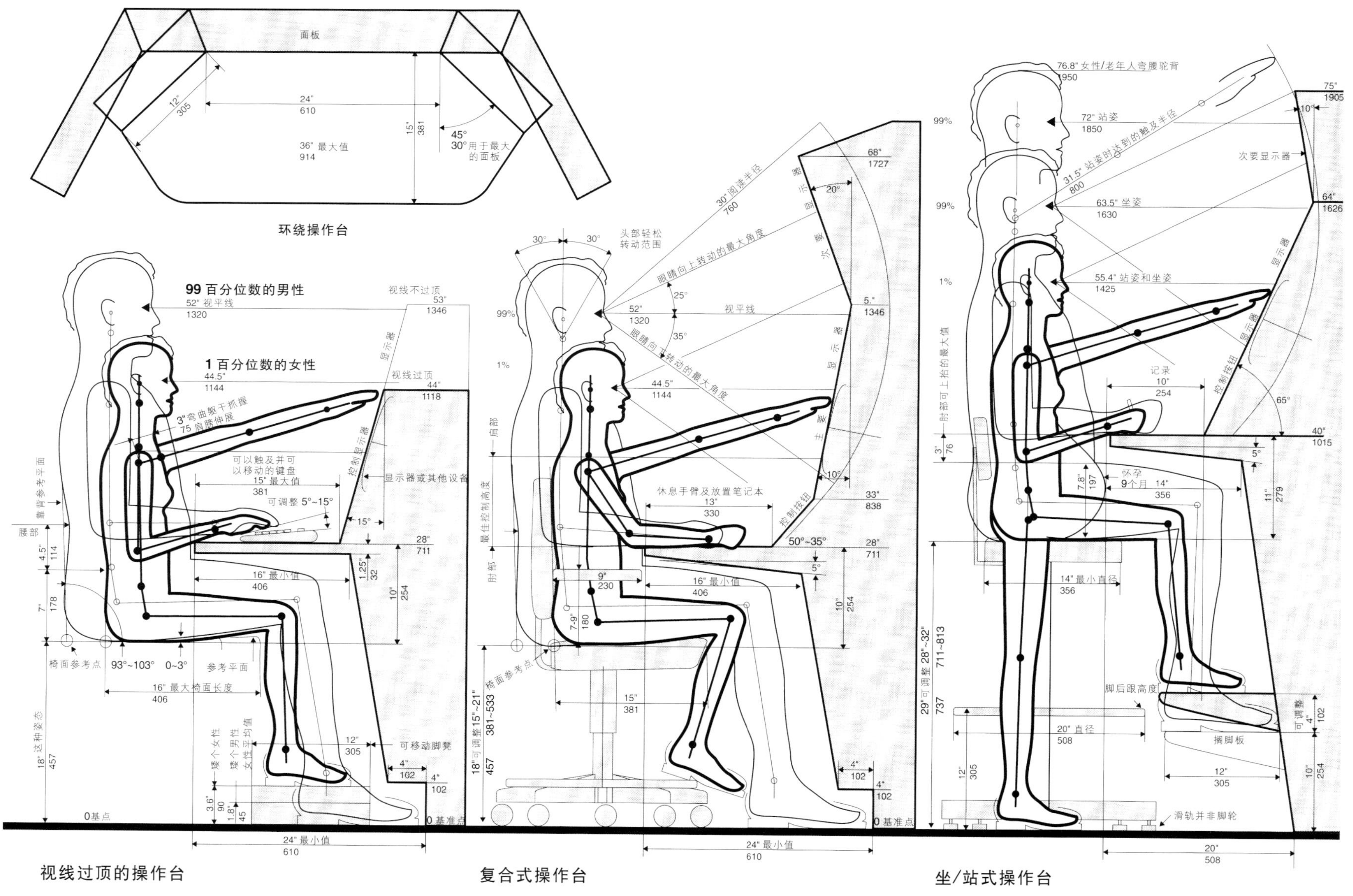

图 27 供男女使用的标准操作台

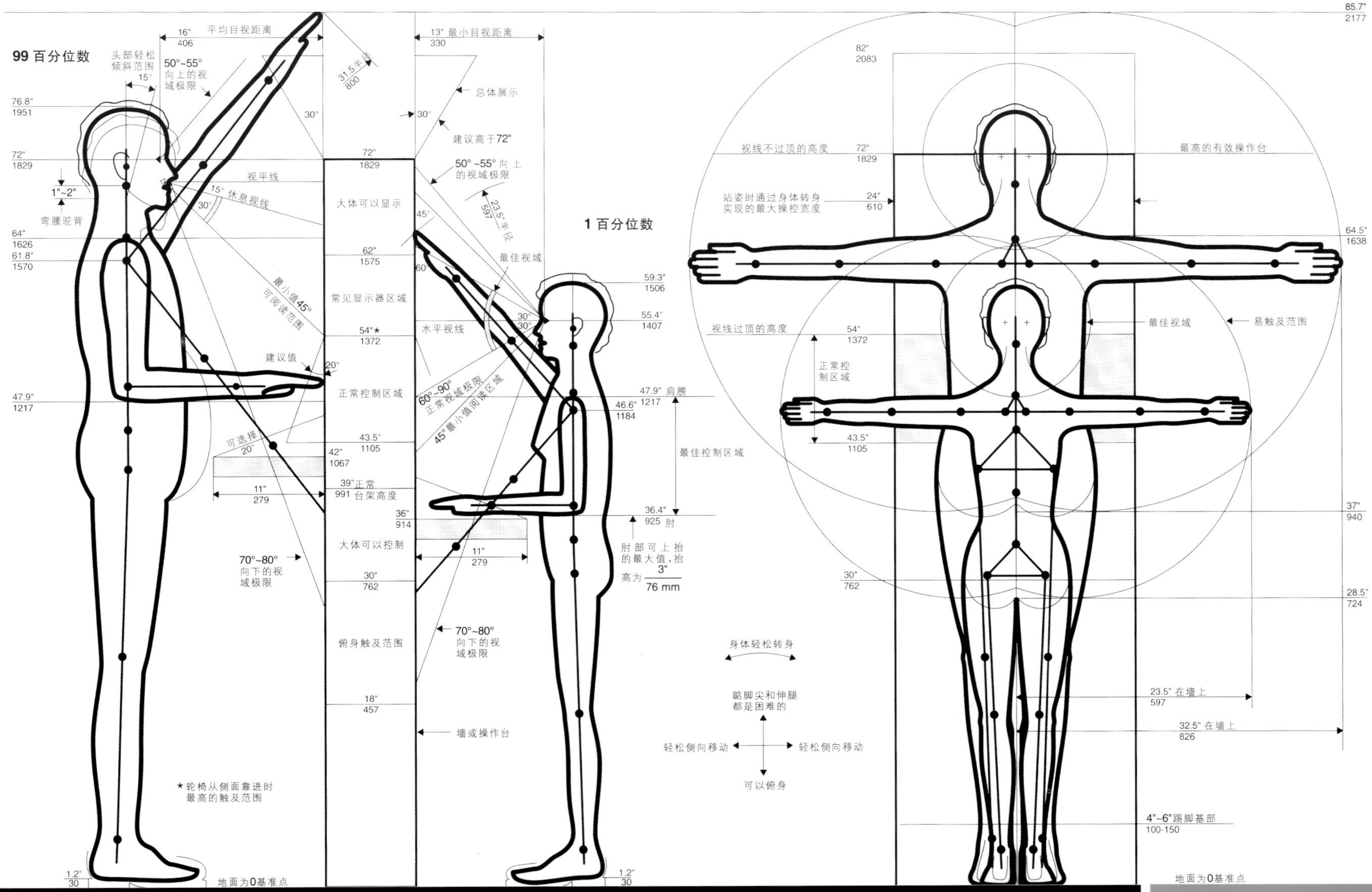

99 百分位数
头部轻松倾斜范围
15°
50°~55° 向上的视域极限
16" 406 平均目视距离
31.5半径 800
30°
76.8" 1951
72" 1829
1"~2"
弯腰驼背
视平线
15° 休息视线
30°
64" 1626
61.8" 1570
大体可以显示
62" 1575
常见显示器区域
最小值45° 可阅读范围
54"★ 1372
建议值
20°
47.9" 1217
正常控制区域
可选择 20°
43.5" 1105
42" 1067
39" 991 正常台架高度
11" 279
36" 914
大体可以控制
70°~80° 向下的视域极限
30" 762
俯身触及范围
18" 457
★轮椅从侧面靠进时最高的触及范围
1.2" 30
地面为0基准点
13" 最小目视距离 330
总体展示
30°
建议高于72"
50°~55° 向上的视域极限
23.5"半径 597
45°
最佳视域
60°
1 百分位数
水平线
30°
30°
59.3" 1506
55.4" 1407
60°~90° 正常视域极限
45°最小值阅读区域
47.9" 1217 肩膀
46.6" 1184
最佳控制区域
36.4" 925 肘
肘部可上抬的最大值，抬高为 3" 76 mm
11" 279
70°~80° 向下的视域极限
墙或操作台
1.2" 30
85.7" 2177
82" 2083
视线不过顶的高度
72" 1829
最高的有效操作台
站姿时通过身体转身实现的最大操控宽度
24" 610
64.5" 1638
视线过顶的高度
54" 1372
正常控制区域
最佳视域
易触及范围
43.5" 1105
37" 940
30" 762
28.5" 724
身体轻松转身
踮脚尖和伸腿都是困难的
轻松侧向移动
轻松侧向移动
可以俯身
23.5" 在墙上 597
32.5" 在墙上 826
4"~6"踢脚基部 100-150
地面为0基准点

男女站姿操作台

图 28

居住空间考量

根据 1970 年诺夫特（Neufert）、1979 年佩尼罗（Panero）和季诺尼克（Zelnik）以及 1988 年美国建筑师协会（American Institute of Architects）提出的标准，构成了下面插图中的居住模式。

卧室

下面插图中绘制了四种卧室。

1.第一个例子（左上）表现了一种简约设计，提供了大多数令人们舒适愉悦的条件。这个房间可以放三种床：第一种是双人床，第二种是大号床，第三种是特大号床。注意现在床的摆放位置是最合适的了，而且应使所有家具的高度低于 30 英寸（762 毫米），从而令房间看起来更大些。

2.第二间卧室（左下）是最为简化的单人居室。

3.第三间卧室比较奢侈些。有两张床和两张桌子。

4.最后一间卧室供两个人使用（兄弟、姐妹或同学），并且为他们提供了独立学习与储藏空间。

餐厅

第一种餐厅的尺寸为 10 英尺 8 英寸×13 英尺 6 英寸（3 251 毫米×4 115 毫米）。在所有围绕着桌子的椅子后面都有一个 24 英寸（610 毫米）的空间，这是为就餐者提供服务的通道。

在第二种餐厅空间中，桌子靠着墙，必须考虑为就餐者提供服务的空间。

这里包括三种类型的餐厅座椅摆放类型：一种是经济空间，一种是中级空间以及豪华的座椅空间。餐桌有靠墙摆放和活动放置的两种形式。

插图反映了两人或四人的餐位。座椅的外形决定了其舒适度，根据桌子的大小尺度，座椅与桌面保持 10~12 英寸（254~305 毫米）的距离。就坐后椅面应是水平的。靠背应该至少倾斜 5°。

厨房与浴室的布局

在左下方是一个 L 形的厨房。主要工作区域是一个 10 英尺×6 英尺×5 英尺的三角形。这间厨房最适合于两个使用者。分开的工作台有利于准备食物。

左上方是两个通道型的厨房，较宽的一个允许两个人同时准备食物。比较窄的一个几乎是最小的尺度了，但它是高效的单人厨房。

U 形厨房是专为一个人高效使用而设计。

左侧的浴室虽然比较小，但有某些优点。它有 6 英尺宽，并且浴盆有专为老年人设计的座位。卫生间安装了一个低容量水箱的马桶，外形也更小巧。洗手盆为 36 英寸宽，上方有一面 36 英寸宽的镜子，另一侧有一个药柜。洗手盆下面提供了一个完整的封闭储藏空间。

右侧的浴室布局表现了最经济型的浴室布局。除了柱盆和省掉了座位的浴缸不同外，其他都与前一种浴室设计相似。

卜室

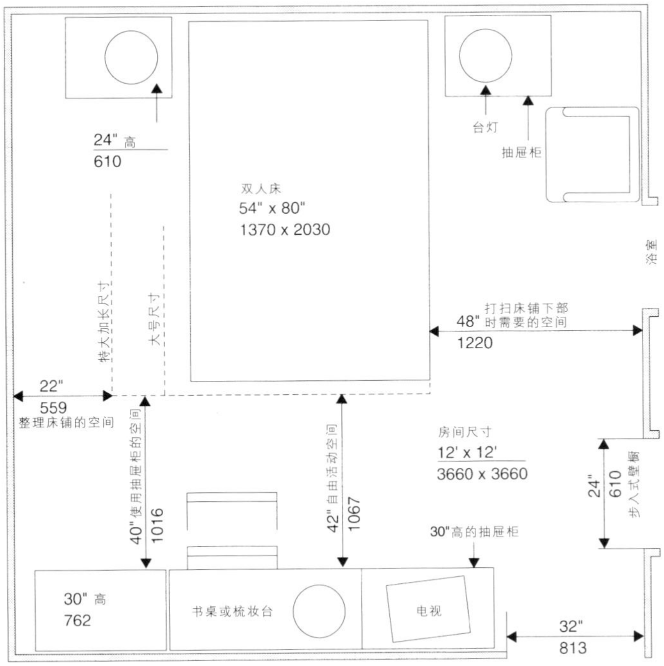
24" 高
610
台灯
抽屉柜
双人床
54" x 80"
1370 x 2030
浴室
特大加长尺寸
大号尺寸
打扫床铺下部
48" 时需要的空间
1220
22"
559
整理床铺的空间
房间尺寸
12' x 12'
3660 x 3660
40" 使用抽屉柜的空间
1016
42" 自由活动空间
1067
24"
610
步入式壁橱
30"高的抽屉柜
30" 高
762
书桌或梳妆台
电视
32"
813

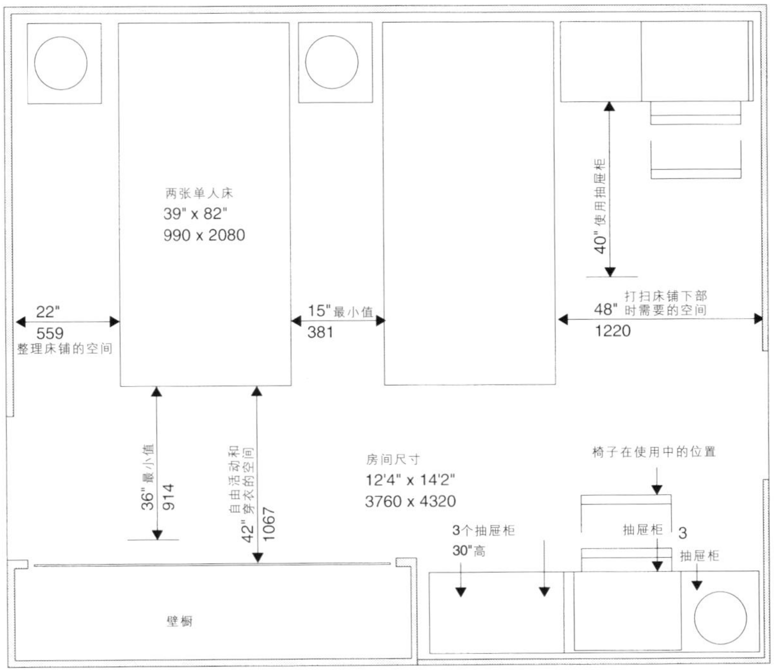
两张单人床
39" x 82"
990 x 2080
40" 使用抽屉柜
22"
559
整理床铺的空间
15" 最小值
381
打扫床铺下部
48" 时需要的空间
1220
36" 最小值
914
自由活动和
42" 穿衣的空间
1067
房间尺寸
12'4" x 14'2"
3760 x 4320
椅子在使用中的位置
3个抽屉柜
30"高
抽屉柜
3
抽屉柜
壁橱

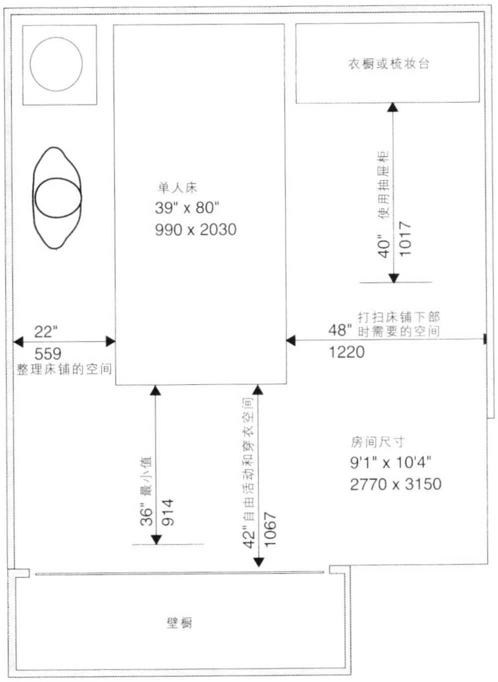
衣橱或梳妆台
单人床
39" x 80"
990 x 2030
40" 使用抽屉柜
1017
22"
559
整理床铺的空间
打扫床铺下部
48" 时需要的空间
1220
房间尺寸
9'1" x 10'4"
2770 x 3150
36" 最小值
914
42" 自由活动和穿衣空间
1067
壁橱

卧室与书房

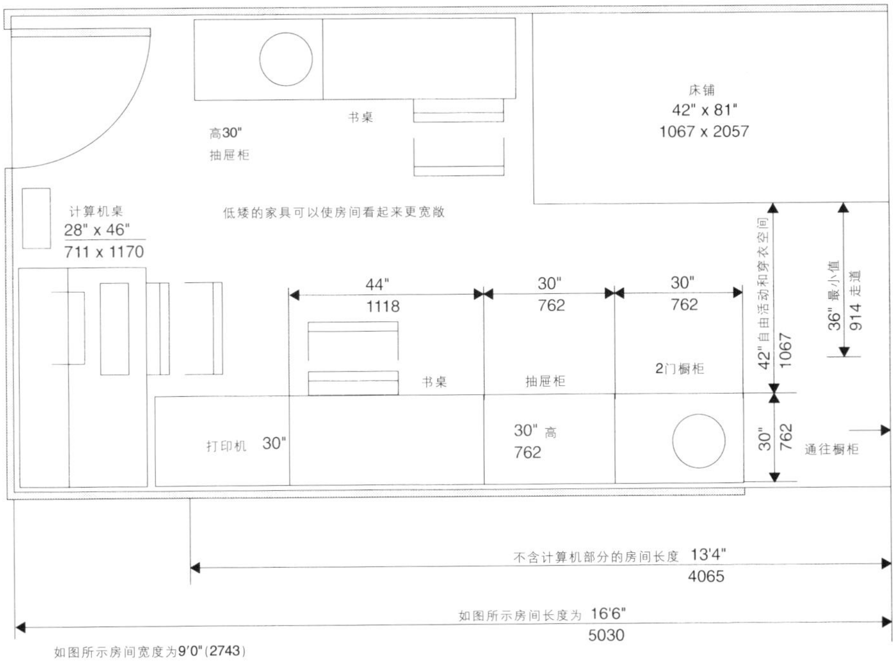
床铺
42" x 81"
1067 x 2057
书桌
高30"
抽屉柜
计算机桌
28" x 46"
711 x 1170
低矮的家具可以使房间看起来更宽敞
44"
1118
30"
762
30"
762
42" 自由活动和穿衣空间
1067
36" 最小值
914 走道
书桌
抽屉柜
2门橱柜
打印机 30"
30" 高
762
30"
762
通往橱柜
不含计算机部分的房间长度 13'4"
4065
如图所示房间长度为 16'6"
5030
如图所示房间宽度为9'0"(2743)
最小房间宽度为8'4"(2540)

就餐区

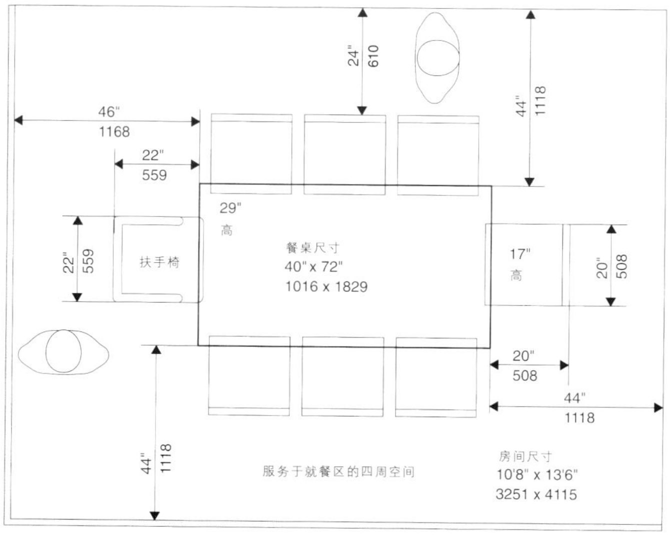

就餐区

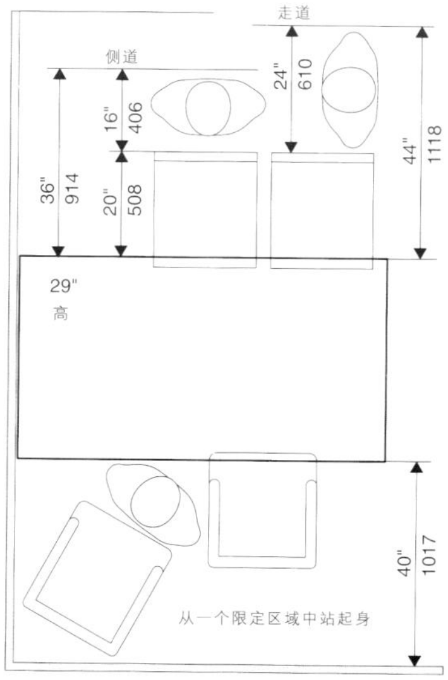

餐位

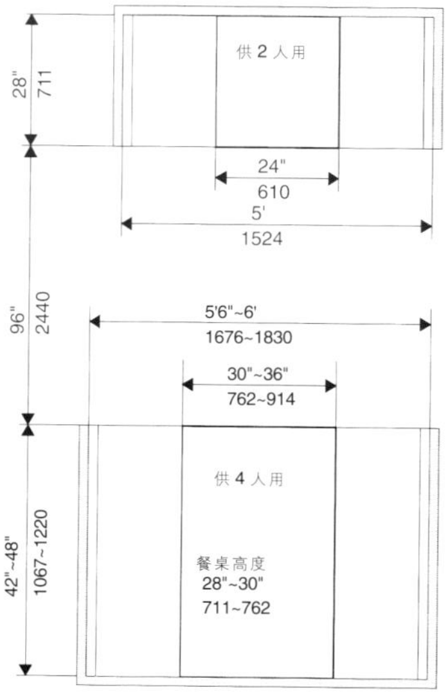

餐馆的经济型空间

中级空间

豪华空间

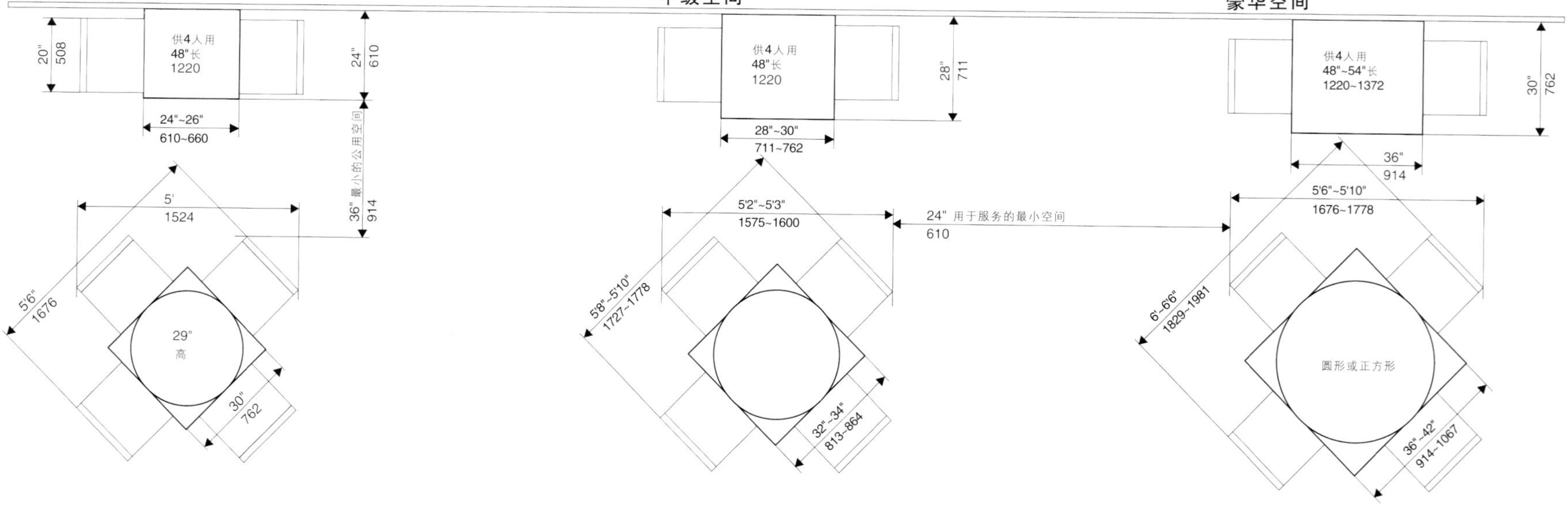

图 30 就餐区的尺寸

通道型厨房

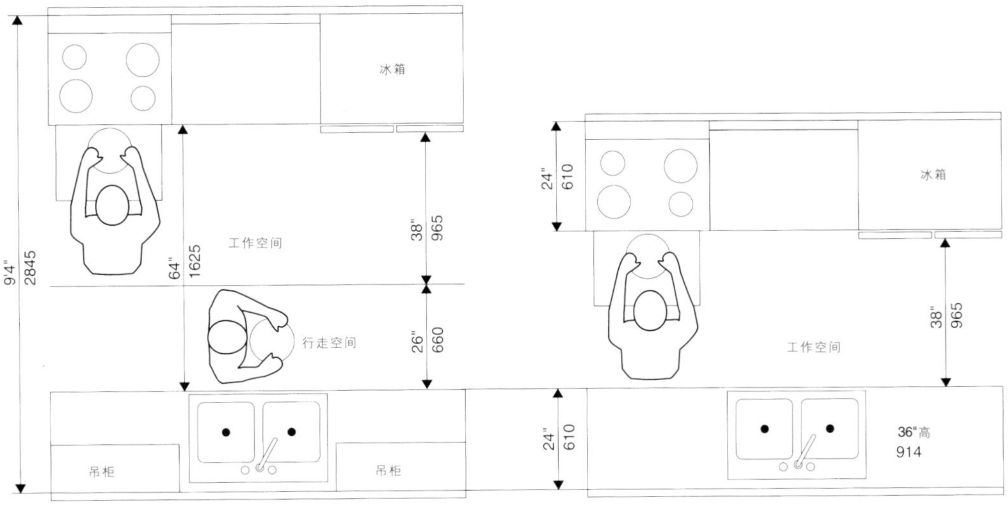

"U"形厨房

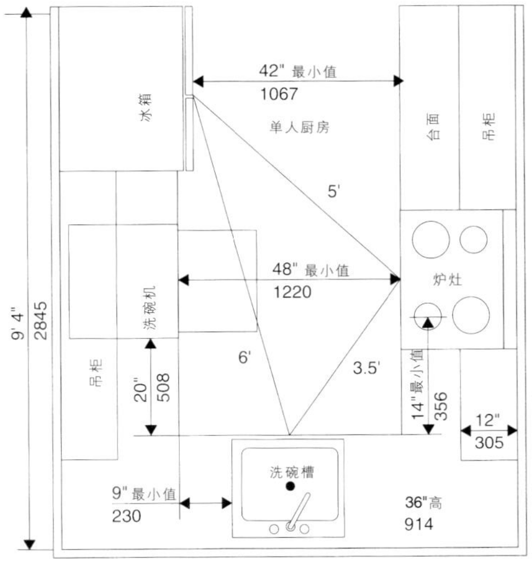

"L"形厨房

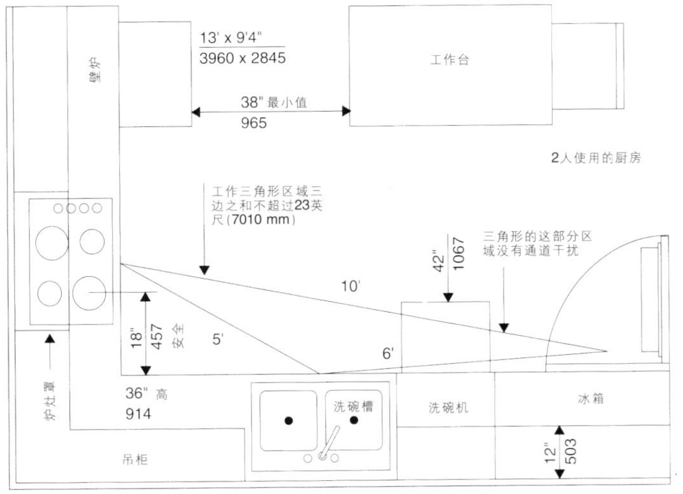

浴室

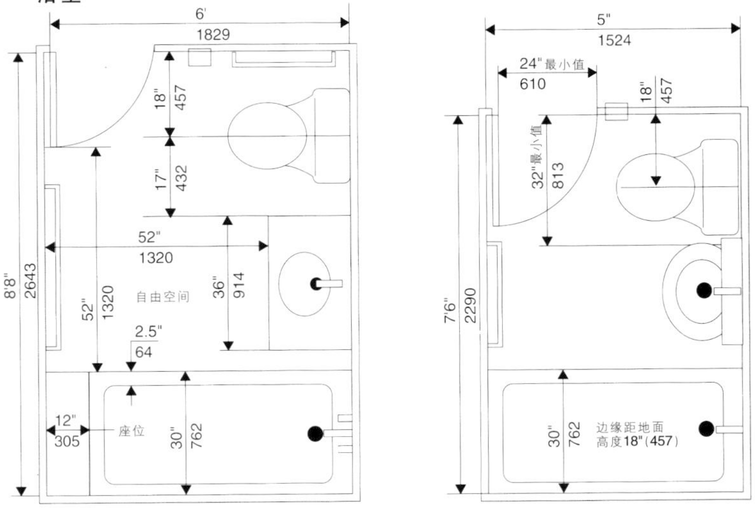

维修通道

整个身体

在插图中，控制面板的划分高度决定了三种工作姿势的高度：站姿、跪姿和坐姿。特别要注意肩膀与肘部之间的最佳工作角度——如图所示是在肩膀以上和肘部以下 4~6 英寸(101~152 毫米)范围之间变化。

爬行的姿势通常用于维修。人们也可使用俯卧的姿势，用于通过多数狭小的空间。因为需要躺在小轱辘车上工作，所以采用仰卧的姿势时高度会高一些。

采用任何姿态都需要增加 5.5 英寸（140 毫米）的高度空间，最小宽度是 24 英寸(610 毫米)。

右侧的插图表现了各种入口形状。小的矩形入口和最小的椭圆形入口用于水平横向通道（包括在头顶和脚下）。更大的入口和 30 英寸(760 毫米)直径的入口则用于垂直通道(例如设置在墙面上的)。

在第 58 页图中，表格的上部界定了 15 种入口，提供了最大、最小和建议的尺度数值。入口底部边缘最好与地面平齐。最小的数值可以保证身着普通服装、身材高大的男性通过，建议值是军用数据资料，而最大的数值是针对穿着极地防寒服的男性。

这部分的资料数据和插图均选自《人体比例 7/8/9》。

附属物

第 58 页的中间插图反映了各种手部入口。每种入口都有三个等级的数值：一个是空手，一个是戴着手套，一个是戴着极地防寒手套。插图绘制了六种单手入口和两种双手入口。

左下的插图是三种目视看不到的手臂入口，分别是裸臂、穿着普通衣服的手臂和身着极地防寒服的手臂。

插图中绘有三种手指入口，包括最小值、空手和戴手套的手三种。第一个入口适用于所有正常的手指。第二种用于按钮的凹槽——大拇指无法进入。最后一种是唯一一种给出手指尺寸的，而且必须加上物体的尺寸。例如，如果物体是一个直径为 1.25 英寸(32 毫米)带凹槽的按钮，这个空间必须最少增加 1 英寸(25.4 毫米)的手指空间，也就是将会需要一个直径 3.25 英寸(82.6 毫米)的凹槽空间去操作该按钮。

足部入口插图有赤脚，一只穿着鞋的脚和一只穿着极地防寒鞋的脚。必须增加环绕足部的空间——长、宽大约都需增加 1 英寸(25.4 毫米)。

插图绘制了头部不戴头盔、戴军用钢盔和戴工作安全帽时的入口。第一个入口是头部不戴头盔，适用于 99 百分位数的人口，而且四周要留出 0.50 英寸(12.7 毫米)的空间。第二个入口是军用钢盔的直径，前后各留出 0.50 英寸的空间。第三种是工作安全帽，前后也需要留出 0.50 英寸的空间。

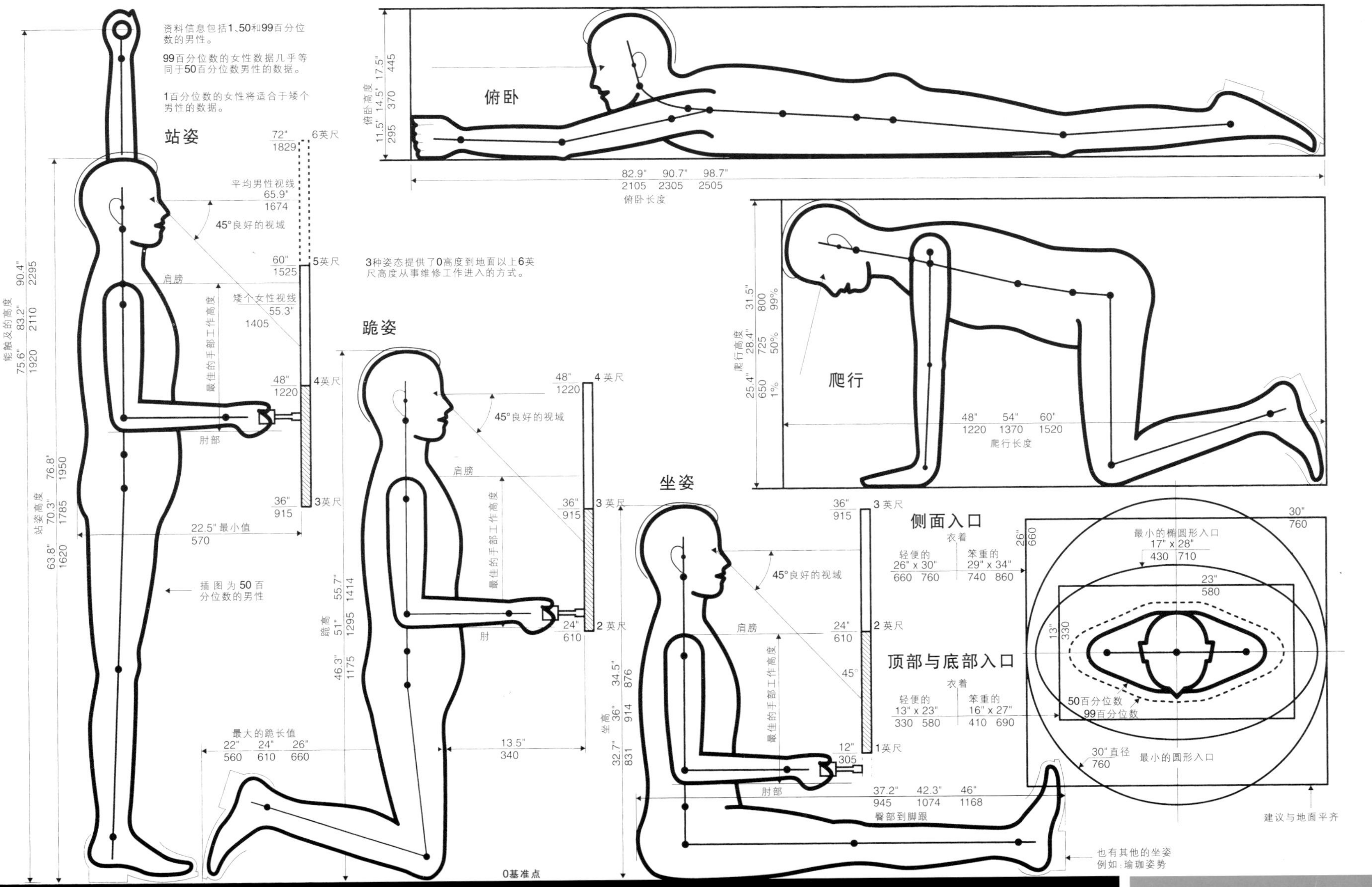

资料信息包括1、50和99百分位数的男性。
99百分位数的女性数据几乎等同于50百分位数男性的数据。
1百分位数的女性将适合于矮个男性的数据。
站姿
俯卧
俯卧高度
17.5" 445
14.5" 370
11.5" 295
82.9" 2105
90.7" 2305
98.7" 2505
俯卧长度
72" 1829
6英尺
平均男性视线
65.9" 1674
45°良好的视域
60" 1525
5英尺
3种姿态提供了0高度到地面以上6英尺高度从事维修工作进入的方式。
肩膀
矮个女性视线
55.3" 1405
最佳的手部工作高度
48" 1220
4英尺
肘部
36" 915
3英尺
22.5" 最小值 570
能触及的高度
90.4" 2295
83.2" 2110
75.6" 1920
站姿高度
76.8" 1950
70.3" 1785
63.8" 1620
插图为50百分位数的男性
跪姿
跪高
55.7" 1414
51" 1295
46.3" 1175
24" 610
2英尺
最大的跪长值
22" 560
24" 610
26" 660
13.5" 340
0基准点
爬行
爬行高度
31.5" 800 99%
28.4" 725 50%
25.4" 650 1%
48" 1220
54" 1370
60" 1520
爬行长度
坐姿
坐高
36" 914
34.5" 876
32.7" 831
45°
12" 305
1英尺
37.2" 945
42.3" 1074
46" 1168
臀部到脚跟
也有其他的坐姿例如：瑜珈姿势
侧面入口
衣着
轻便的 26" x 30" 660 760
笨重的 29" x 34" 740 860
26" 660
顶部与底部入口
轻便的 13" x 23" 330 580
笨重的 16" x 27" 410 690
13" 330
最小的椭圆形入口
17" x 28" 430 710
30" 760
23" 580
50百分位数
99百分位数
30"直径 760
最小的圆形入口
建议与地面平齐

身体

		最小值	建议值	最大值
	上下穿行的圆形入口或检查孔	23" 直径 585mm 普通衣服 飞行器	30" 直径 760mm 军用最小数据	40" 直径 960mm 笨重的服装， 极地或太空
	爬行穿过的管道或隧道	28" 直径 711mm	30" 直径 760mm 军用标准	40" 直径 960mm 用于极地地区
	上下穿行的椭圆形入口	17" x 28" 430 x 710	17" x 28" 430 x 710 军用标准 装甲车辆	不详
	上下穿行的矩形入口	20" x 24" W 580 x 610 例如阶梯出入口	13" x 23" W 330 x 585 军用标准 轻便的服装	16" x 27" W 410 x 690 军用标准 笨重的服装
	矩形侧向入口	17" x 28" W 430 x 710	26" x 30" W 660 x 760 军用标准 轻便的服装	29" x 34" W 740 x 860 军用标准 笨重的服装

手

		空手	戴手套	戴极地防寒手套
	空手伸平放入洞口至腕部，进入无法用眼看到的内部	2.25" x 4.0" 55 x 100	4.0" x 6.0" 100 x 150 也可以戴连指手套	5.0" x 6.5" 125 x 165
	手握拳放入洞口至腕部，伸入无法用眼看到的内部	3.75" 直径 95	5.75" 直径 146	6.25" 直径 159
	手握拳放入洞口至腕部，伸入无法用眼看到的内部（另一种开口形式）	3.5" 正方形 89	5.5" 正方形 140	6.0" 正方形 152

手臂

		裸臂	穿普通衣服	穿极地防寒服
	手臂进入洞口至肘部，伸入无法用眼看到的内部（另一种开口形式）	同轻便服装	4.0" x 4.5" 100 x 115 轻便服装	6.6" x 7.1" 168 x 180
	手臂进入方形或圆形洞口至肘部，伸入无法用眼看到的内部	同轻便服装	4.5" 直径 115	7.1" 直径 180
	手臂进入方形或圆形洞口至肩部，伸入无法用眼看到的内部	同轻便服装	5.0" 直径 125 轻便服装	8.5" 直径 215

身体

		最小值	建议值	最大值
	飞行器侧向紧急出口	31" x 22" W 790 x 560	32" x 24" W 815 x 610 包含99百分位数的男性	50" x 40" W 1300 x 960 A =18" 457
	飞行器腹部紧急出口	29" x 22" W 740 x 560	30" x 22" W 760 x 560 包含99百分位数的男性	50" x 40" W 1300 x 960
	水密入口和带装甲的入口	62" x 22" W 1600 x 560 A最大值=16" 410 到甲板或地面距离	68" x 24" W 1730 x 610 A=10" 254 到甲板或地面距离	50" x 40" W 1300 x 960 A =18" 457 到甲板或地面距离
	爬行通过的入口	31.5" x 24" 800 x 610	36" x 30" 915 x 760	无最大值
	俯卧通过的入口	18" x 23" 460 x 585	20" x 30" 510 x 760	24" x 30" 610 x 760

手

		空手	戴手套	戴极地防寒手套
	手紧握拳进入洞口至腕部，同时眼睛能够看到内部	5.0" 直径 125	6.0" 直径 150	8.5" 直径 215
	手紧握拳进入洞口至腕部，同时眼睛能够看到内部（另一种开口形式）	3.75" x 5.0" 95 x 125	4.5" x 6.0" 115 x 150	7.0" x 8.5" 180 x 215
	插入直径1"的物体至腕部，无法用眼睛看到内部	3.75" 直径 95 或正方形	6.0" 直径 150 或正方形	7.0" 直径 180 或正方形

手指

		最小值	空手	戴手套
	在健康的条件下，所有手指都可通过	1.25" 直径 32 通道孔	1.25" 直径 32 通道孔	1.50" 直径 38 通道孔
	按压的按钮	1.0" 直径 25.4 无法使用拇指	1.25" 直径 32 包括使用拇指	1.50" 直径 38 包括使用拇指
	扭进第一个节点	2" 直径 50 加上物体尺寸	2" 直径 50 加上物体尺寸	2.5" 直径 65 加上物体尺寸

身体

		最小值	建议值	最大值
	狭窄通道或隧道 加大宽度以便于携带笨重设备时穿行	H=63"(1600) C=25"(635) F=12"(305) 必须俯身	H=78"(1980) C=25"(635) F=16"(305) 可以站立	H=80"(2030) C=28"(710) F=19"(480) 为车辆栏杆扶手留出的空间
	侧身通道	78" x 14" W 1980 x 355	80" x 16" W 2030 x 405	84" x 24" W 2130 x 610
	门廊	78" x 24" W 1980 x 610	80" x 30" W 2030 x 760	84" x 36" W 2130 x 915
	为两个人并肩走过通道所提供的空间	80" x 44" W 2030 x 1120	84" x 54" W 2135 x 1370	96" x 60" W 2440 x 1525 允许人携带椅子通过
	轮椅通过的空间	W最小值=32" 815 在开敞的门（同左图）和侧壁之间	W最小值=36" 915 在两面墙之间	最小直径 60" 1525 在地板上旋转360°

手

		空手	戴手套	戴极地防寒手套
	一只手抓住大于1"(25.4)的物体，伸入洞口至腕部	W最小=5.0" (125) H增加3.5" (90)	W最小=6.0" (150) H增加5.0" (125)	W最小=6.5" (165) H增加7.0" (180)
	双手将物体从侧面插入至腕部	W 增加 3.5" (90) H= 5.0" 最小值 125	W 增加 5.0" (125) H= 6.0" 最小值 150	W 增加 7.0" (180) H= 6.5" 最小值 165
	两只手伸进12"(305)深处，眼睛看不到内部	H 4.5" (115) W 12" (305)	H 5.0" (125) W 12" (305)	H 7.0" (180) W 15" (380)

足部

		赤脚	穿鞋	穿极地防寒鞋
	需要一只脚的空间，需要的话再增加一些空间	4.5" x 11.7" 114 x 298	5" x 13" 127 x 330	6.3" x 15.3" 160 x 389

头部

		不戴头盔	戴军用钢盔	戴工作安全帽
	圆形开口可以使头部通过，包括鼻子	最小直径 11" (280)，包括 0.50" (12.7) 的空隙	军用直径 14" (356)，包括 0.50" (12.7) 的空隙	工作直径 14" (356)，包括 0.50" (12.7) 的空隙

图 33 维修通道（附属物）

工作与家庭中的安全因素

安全是人类的一种基本需要。人类因素的作用远远超越了机械效率和效益，它也慎重地考虑到了人类的安全性与舒适性。下列术语界定了安全性的种类。

绝对安全:人类的错误将不会造成破坏、危险或伤害。

基本安全:人类的错误有可能造成伤害。

危险的:人类的错误将造成伤害或死亡。

灾难性的：人类的错误有可能引发严重的损害——系统损失、伤亡事故或群死群伤。

安全性是所有设计师所关注的问题，设计师们将会研究并尽量避免所有危害，并竭力使所有各种条件都绝对安全。一些工程师认为人类犯错的潜在可能性相当大，以至于不可能预测每一个可能导致危害的错误。虽然如此，设计师们仍应考虑到错误是如何发生的，并努力去设想会对人员和设备造成损害的危险发生时的场景。

考察下列工厂、办公室和家庭生活的安全清单，是具有实用价值的方法。

工厂

清单不可能包含各个方面的所有危险性，但清单所列条目将有助于鉴别危险。(内容引自《人体比例 7/8/9》)

◆所有旋转设备都已经安装安全保护罩了吗？

◆脸部和眼睛是否佩带了防护散射物和火花的护具？

◆是否已提供保护措施，防止往复运动机件对人员造成的挤压伤害？

◆切割部件之间是否为手指或手留有空隙？

◆锋利的刀刃是否已经采取了保护措施？

◆如果需要紧急“停止”按钮，它是否设置在了重要的位置上？

◆对重要的控制按钮是否已装设了保护装置以防止误操作？

◆所有危险警报是否精确和醒目？

◆所有控制按钮是否都易于触到？

◆是否有安全联动锁来保护操作者的安全？

◆监控设备是否发挥作用？

◆若进入了一个不安全的状态，操作者是否知道如何作出反应？

◆在极端的温度和高湿条件下从事生产是否安全？

◆使用一种已经受到过冲击与震动的产品是否安全？

◆以不安全的方法去组装产品是否可行？

◆能否安全地掩埋或回收再利用废弃的部件，不会放出有毒气体或引起污染？

◆提升手柄操作起来是否舒适，并且是在安全的温度下使用？

◆零部件搬运起来是否不过于笨重，不会造成身体伤害？

◆在急加速或急减速时，是否为操作者提供了保护措施？

◆照明灯光是否足够明亮，可以探查出所有区域的危险情况？

◆是否针对强光(强烈的闪光、电弧焊等)提供了保护措施？

◆是否针对辐射(微波、激光等)提供了保护措施？

◆是否已采取了预防措施防止发生电击事故（小的电击都有可能引起连锁事故)？

◆噪音水平是否已降低到满足防止伤害听力的标准了？噪音水平是否已降低到减少疲劳和防止听力干扰的水平？

◆温度控制是否保持在人能承受的范围内了？

◆是否已避免了有毒物质的伤害？

◆是否已考虑到防止火灾和爆炸？

◆是否已减少了绊倒事故的风险？

◆是否已减少了滑倒事故的风险？

◆是否设置了头顶空间？

◆护栏与安全带是否足以减少跌落的可能性？

◆是否针对某一特定的工厂与产品制定了适合的安全清单？

◆是否制定了安全公告和安全程序？

噪音、温度和照度现在是“环境”部分的主要议题。

办公室

这个广泛的话题主要涉及的是使用计算机工作台。首先，应考虑计算机操作者使用的座椅。它应该具有充分的可调节性以确保工作时有一个舒适的姿势。

◆椅面高度竖向可以在 14.5 英寸 (370 毫米)到 19.5 英寸(495 毫米)之间进行调整以满足所有工作者的需要。调整座高，以使座椅前缘不必受力。

◆如果椅子有背靠，它的高度应为：

25 英寸(635 毫米)有利于肩部支撑；

36 英寸(915 毫米)有利于头部支撑；

15.7 英寸(400 毫米)有利于胳膊的伸展。

◆腰部支撑的上下调整范围应为 4 英寸 (100 毫米)；前后调整范围需要 2 英寸(51 毫米)。

◆室内装饰品应该具有舒适性、耐摩擦以及通风性。避免使用粗糙的织物。

◆扶手应为 2~3.5 英寸(51~89 毫米)宽，位于椅面参考点向前 10 英寸(254 毫米)处，扶手垫应该柔软。

◆椅子应该可以旋转，有 5 或 6 条腿。这些也可参见“座椅”的部分。

计算机操作台

参见标题为“供男性和女性使用的计算机工作台”，并调查了1~99百分位数使用计算机工作的女性数据。注意：键盘是可移动的，并且有一定的角度；显示器可以旋转，可垂直竖向调整，并可倾斜以减少反射。

操作者在短时间工作时喜欢保持直立坐姿，在较长时间工作时采用一种更放松的姿势。由此，下列信息细节非常重要：

◆为满足女性需要，桌子的高度可在23~29英寸(585~735毫米)的范围调整。

◆调查1~99百分位数使用计算机工作的男性操作台。

◆为满足男性需要，桌子的高度可在25~31英寸(635~785毫米)的范围调整。

◆另一种可供选择的设计是：固定的桌子高度采用28.25英寸(720毫米)，满足所有成年男女的需要。

◆独立键盘台架必须可以移动23~28.25英寸(585~720毫米)，并且必须有足够大的空间来使用鼠标。

◆为防止腕管综合症，应尽量使手与前臂保持直线，偏差低于5°。操作者应时常放松休息。

◆新型键盘可以从中间分开，并且两部分可分别旋转一定的角度去配合手部的位置；这样的改进提高了舒适性。

◆为避免电磁辐射，应该与阴极射线管(显示屏)保持一臂的距离。操作者与另一计算机终端的侧面或背面保持48英寸(1 219毫米)的距离。

◆办公室的环境应该是使人愉悦的。

家庭

楼梯是家庭生活中发生事故率最高的位置，浴室、窗户、门、厨房、地板、电气系统、室外和其他设施我们也要讨论。除特别说明外，这里总结的家庭安全建议均节选自1972年美国住房与城市发展部(U.S. Department of Housing and Urban Development)出版的安全指导。

楼梯

当然，必须避免过分光滑的楼梯，可以铺设地毯，或采用具有高摩擦性的铺装材料来增大楼梯表面的摩擦力。楼梯的设计应考虑下列问题：

◆外部楼梯应向前倾斜1/8英寸(3.2毫米)。可以使用拉毛混凝土或方砖来提供摩擦力。

◆最佳的室内楼梯，台阶踢面的最大高度为7.5英寸(190毫米)，最小踏步宽度为10英寸(254毫米)，最小踏板宽度为11.25英寸(286毫米)，踏板向外最大突出1.25英寸(32毫米)。

◆建筑室外楼梯，台阶踢面的最大高度为6英寸(152毫米)，最小踏步宽度为11英寸(279毫米)，最小踏板宽度为12英寸(305毫米)，踏板向外最大突出1英寸(25.4毫米)。

◆不附属于建筑的独立室外楼梯，台阶踢面的最大高度为5英寸(127毫米)，最小踏步宽度为14英寸(355毫米)，最小踏板宽度为15英寸(381毫米)。

◆为了减少楼梯事故，要使踢面高度与踏面宽度的误差保持在0.188英寸(4.8毫米)的范围之内。

◆避免在室内或室外设置单个的踏步。除非在前门设一级踏步可以例外。

◆按照下列公式来计算台阶的变化：

1踢面高度+1踏面宽度=17~18英寸(431.8~457.2毫米)

2踢面高度+1踏面宽度=24~25英寸(609.6~627毫米)

1踢面高度×1踏面=70~75英寸(17 780~19 050毫米)

每跑楼梯的踏步不能超过16级踏面，每8级踏面应设一平台，可以休息一下。

◆在楼梯的起始位置和终止位置都设置照明开关。

◆避免尖锐的边缘。

◆栏杆扶手常常设于楼梯外侧。阳台上栏杆扶手的最佳高度为42英寸(1 067毫米)。在楼梯板挑出部分和走廊上的最佳高度为30~40英寸(711~864毫米)。

◆如果楼梯宽度为40英寸(1 016毫米)，应在侧墙上也安装扶手。

◆在楼梯结构上绝不允许留任何开口——例如：在楼板挑出部分之下的开口不能超出4.5英寸(114毫米)，否则小孩的头可能会伸进开口并被卡住。总之，要尽量避免开放式楼梯，防止孩子及成年人滑落。

◆避免把门设在楼梯附近。

◆前廊的入口应该宽敞，能够回转，特别是当门向外开时。

浴室

为防止洗浴者的伤害，最好将浴盆或淋浴的底面做成防滑表面。另一项重要的考虑是所有玻璃淋浴门上都装上安全玻璃。牢记下列浴室安全要素与安全布置。

◆浴盆/淋浴的龙头距浴盆底面高度为30~34英寸(762~864毫米)。

◆淋浴器控制阀距浴盆或淋浴底面高度应在48~52英寸(1 219~1 321毫米)。

◆距浴盆或淋浴器出水口大约6英寸(152毫米)处安装一个毛巾架。

◆在较长的墙面中心位置安装两个18英寸(457毫米)长的水平扶手，一根的高度在32~36英寸(813~914毫米)，第二根再向上抬高12英寸(305毫米)。

◆在位置较低的扶手下面几英寸处的中心位置安装一个嵌入式肥皂碟。

◆淋浴喷头距浴盆底部空间应为69~72英寸(1 753~1 829毫米)。

◆浴帘竿距浴盆底部应为72~78英寸(1 829~1 981毫米)，并且浴帘竿应该在淋盆区域之内。

◆水龙头和一个扶手应设置于地板以上42~48英寸(1 067~1 219毫米)。水龙头放要在淋浴器上，而且靠近门口。

◆浴室门上应尽量避免使用插销，它会造成挤压、穿孔或刮蹭等。

◆淋浴间的中央应该有一个防蒸汽灯，开关距离灯座72英寸(1 829毫米)。

◆所有扶手都避免有锋利的边缘。管线应具有舒适和防滑的特性。

◆马桶需要两面墙之间36英寸(914毫米)的空间，或者在墙和浴室设备之间留有32英寸(813毫米)的空间。

◆洗手间长度至少36英寸(914毫米)。

◆浴盆应该有60英寸(1 524毫米)长。在水龙头的对面设置一个12英寸(305毫米)高的座椅。

◆最小的地面空间是30英寸×42英寸（762毫米×1 067毫米），最佳的地面空间是42英寸×72英寸(1 067毫米×1 829毫米),可以用于拧干毛巾。

◆为私密性与安全性起见,窗台应该高于地面48英寸(1 220毫米)。

◆浴室门最小为24英寸宽(610毫米),以免在转动时碰到墙或浴盆。

◆插图中绘出了针对不同类型残疾人的各类设施。

窗户

应总是考虑使用安全玻璃,以减少事故。出于安全性考虑,下文给出如下建议。

◆比起上下推拉窗(double-hung sash),通过曲柄操作的窗框(crank-operated sash)是可取的,松松跨跨的窗户有可能滑落,给头部和手臂造成伤害。一些平开玻璃窗(casement window)可以从室内清洁,十分方便。

◆如果采用曲柄操作窗框,就可以采用凸窗。

◆采用特大的玻璃窗是有危险性的，除非它们由耐冲击的高强度安全玻璃制成。最低窗台高度为30~36英寸(762~914毫米)。

门

安全玻璃可以降低事故,特别是针对孩子们。四周是圆角的实心门是最佳的选择。另外,应避免使用玻璃和陶瓷的圆门柄;因为一旦门柄断裂,可能造成严重的伤害。好的门把手可以给手部留出更多的空间并且更好地发挥作用。其他重要的考虑事项如下。

◆住宅中要避免使用双开弹簧门。

◆避免两扇门在推开时互相碰撞。

◆当门完全打开时，门应能够推至屋内靠墙的位置或至少能够推开90°。

◆楼梯的端部不应设置在正对或靠近一扇经常使用门的位置。

◆对于室内门宽度应在30~32英寸（762~813毫米),室外门宽度为36英寸(915毫米)。浴室门的宽度为24英寸(610毫米)。

◆车库的折叠门可能造成严重的手指挤压伤害，在折叠门靠近中央较低的位置安装抓握把手。

◆尽管8英尺(2 439毫米)是标准宽度,但为了给进出创造更多的空间，车库门宽最小设定为9英尺(2 745毫米)。

◆如果允许，可以扩大车库面积，包含一个维修间;并有一条30英寸(762毫米)宽的走道。

◆两扇9英尺(2 646毫米)宽的门比单独一扇大门更好。

◆车库内照明标准应为30英尺烛光（325勒克斯),工作台照明至少70英尺烛光(753.5勒克斯)。

◆应设置多处电源插座,以减少外接电源线。

◆如果车库用作维修间使用，则应有通风和供暖设备。

厨房

大的厨房不一定更有效率或安全。查阅一下“住宅空间”中关于炉灶和水槽的建议位置,以下是针对安全性厨房的设计指导。

◆厨房内各处边缘都应该是圆形的。

◆安全的厨房内从冰箱到水槽到炉灶再回到冰箱需构成三角形区域。工作三角形区域的三边之和低于23英尺(7 010毫米),同时不应被行走通道打断。

◆“U”形厨房有一条宽度最少为48英寸(1 219毫米)的走道。

◆厨房橱柜的标准高度为36英寸(915毫米),深度为24英寸(610毫米)。吊柜位于厨柜上方最小距离为15英寸(381毫米)。吊柜为12英寸(305毫米)深,最高的台架距地面72英寸(1 829毫米)。

◆水槽的照明为70英尺烛光（753.5勒克斯),台面的照明为50英尺烛光(538勒克斯)。

地板

地板上铺地毯是一种更加安全的措施。小块地毯下面应该铺垫防滑材料。地面上可以覆盖石子、拉毛混凝土或防滑瓷砖等,从而将滑倒的危险降至最小。

电器设备的安全

在家庭设计中,每件事情,包括电线,都必须遵循该地区的建筑法规。其他一些相关考虑因素如下。

◆除非置于桌上，否则照明装置应至少在地板以上80英寸(2 032毫米)。

◆使电器开关尽可能远离水设备。

◆为每个4英尺(1 219毫米)高的工作台面提供一个双孔电源插座。

这些插座是供冰箱/烘干机、电熨斗和厨房操作台使用的。建议在厨房与浴室安装自动清洗口。

庭院与人行道

陡峭的斜坡是危险的，因此应避免设置斜度超过10度的坡度。建议在斜坡上种植覆盖地面的植被。其他安全性考虑如下。

◆避免使用会令孩子们坠落的围墙，或者沿着墙头安装栅栏或种植灌木作为保护措施。

◆24英寸(610毫米)宽的人行道对于男性与女性都是适合的,30英寸(762毫米)宽的人行道适于骑三轮车的儿童,而36英寸(915毫米)宽的人行道适于使用婴儿车或小型手推车通过。

◆室外避免设置单个的台阶,最好有2~3级。

◆人行道的路面应该有纹理。采用拉毛混凝土表面,或在混凝土上铺砖灌浆均可。

◆路缘曲线不要过于尖锐。

◆为便于清洁，设计为登着梯子就可以清洁到庭院中所有的窗户。

◆车道最小宽度为10英尺(3 048毫米),出口与道路呈90°,断开路缘。

◆排污口的位置应远离交通要道。人行道上的通风口与排水口应该尽量小,不会卡住高跟鞋、自行车轮胎或其他东西。

下列植物由于具有毒性因而儿童不宜接触：秋水仙(Autumn Crocus)、伯利恒之星(Star of Bethlehem)、杜鹃花（Azaleas)、刺槐（Black Locus)、荷包牡丹(Bleeding Heart)、金凤花（Buttercups)、蓖麻(Castor Bean)、水仙(Daffodil)、月桂树(Daphne)、花叶万年青(Dieffenbachia)、接骨木(Elderberry)、秋海棠(Elephant Ear)、毛地黄(Foxglove)、金链花(Golden Chain)、风信子(Hyacinth)、鸢尾花(Iris)、印度天南星(Jack-in-the-Pulpit)、茉莉花(Jessamine)、曼陀罗(Jimson Weed)、马缨丹(Lantana Camara)、飞燕草(Larkspur)、月桂(Laurel)、鬼臼果(Mayapple)、槲寄生(Mistletoe)、附子花(Monkshood)、月籽藤(Moonseed)、水仙(Daffodil)、龙

葵(Nightshade)、夹竹桃(Oleander)、圣诞红(Poinsettia)、毒芹(Poison Hemlock)、毒常春藤(Poison Ivy)、毒橡(Poison Oak)、杜鹃(Rhododendron)、鸡母珠(Rosary Pea)、铁杉木 (Water Hemlock)、野生和栽培的樱桃(Wild and Cultivated Cherry)、紫藤 (Wisteria)、紫杉(Yew)。

游泳池

建议围绕着水池设置的 72 英寸 (1 829 毫米)高的栅栏,最大限度地确保安全性。链状的或菱形的栅栏是最佳的,但要移除任何锋利的边角,结成网状护栏。门的高度应该同样是 72 英寸, 插销在地面以上 48 英寸(1 219 毫米)处。如果 72 英寸(1 829 毫米)高的游泳池围栏与建筑是连在一起的, 那么应在游泳池与建筑之间应设一段 48 英寸(1 219 毫米)高的栅栏。如果这些建议与当地的建筑法规相悖, 应遵循当地法规设计。同时也要考虑到如下细节。

◆提供良好的照明设备。游泳池与室内电源开关之间保持 25 英尺(7 620 毫米)的距离。

◆跳板应面向北、西北或东北方向以减少视觉疲劳。为确保最大限度的安全性,应使跳板与水池在同一高度上。

◆建议采用矩形游泳池,为了防滑,游泳池四面做成粗糙纹理。

◆提供一个救生钩、救生圈及绳索。同时,应在游泳池附近易于够到的地方准备提供急救设施。

儿童的安全

以下的尺寸规定是选自美国消费者商品安全委员会(the U.S. Consumer Product Safety Commission)1989 年出版的《联邦法律规范》。

玩具或物品(或物品的一部分)不能小到可以完全放入插图所描绘的圆柱体中。拨浪鼓的部件不能进入或穿过测试设备的空腔。在 2 磅力的作用下橡皮奶嘴不能从测试设备的开口拽出。其他安全性建议如下。

◆玩具应该是其材料本身的色彩, 不能有容易脱落或剥落的漆皮或其他膜皮。

◆3 岁以下儿童玩的拖拉玩具上长度超过 12 英寸(304.8 毫米)的绳索或软线不应有珠子或其他附属物,否则有可能缠绕或形成一个线圈造成伤害。

◆如果打算系在婴儿床上, 那么栓在玩具一头的软线长度不应超过 12 英寸(304.8 毫米)。如果软线是一个圈,则线圈的周长必须小于 14 英寸(355.6 毫米)。

◆这幅插图反映了婴儿床的建议尺寸。

当为儿童设计产品或构建环境时也要考虑如下因素。

◆儿童经常会遇到窗子安全性的问题。

◆如果门朝儿童方向推开,孩子们会受到伤害。在门与门框之间的合叶、插销处儿童容易夹手。

◆最好使用有纹理的防滑地板材料。

◆避免使用含铅涂料。

◆避免儿童接触药品、化学品、毒物与可燃物。

◆避免让儿童吞食接触范围内的物品。

◆应预先考虑到儿童骑自行车与三轮车时可能受到的伤害(如在斜坡、硬质地面等)。

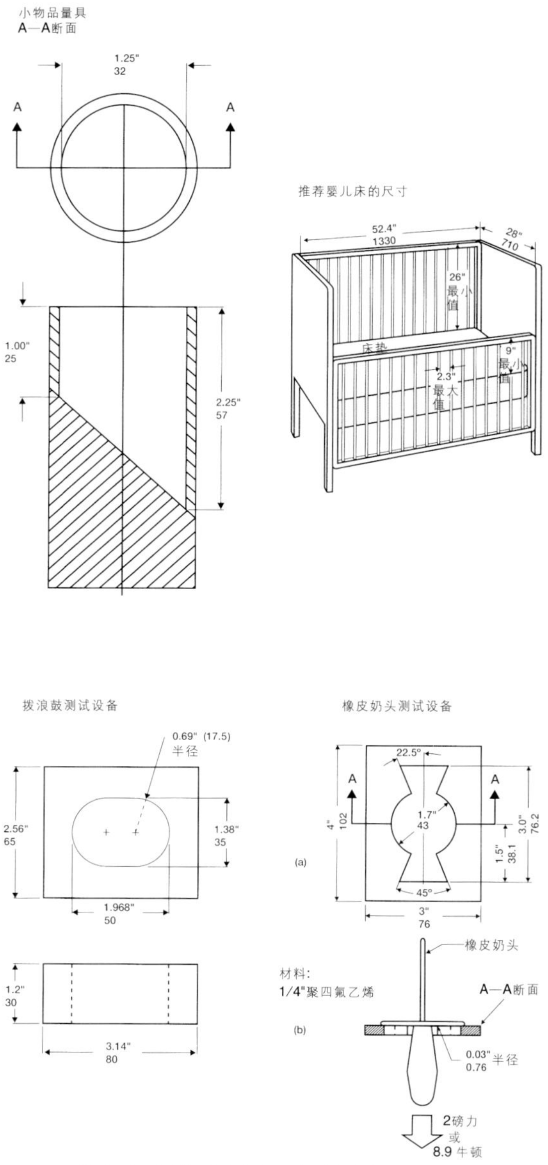

为儿童设计时需要考虑的要素

固定的垂直梯

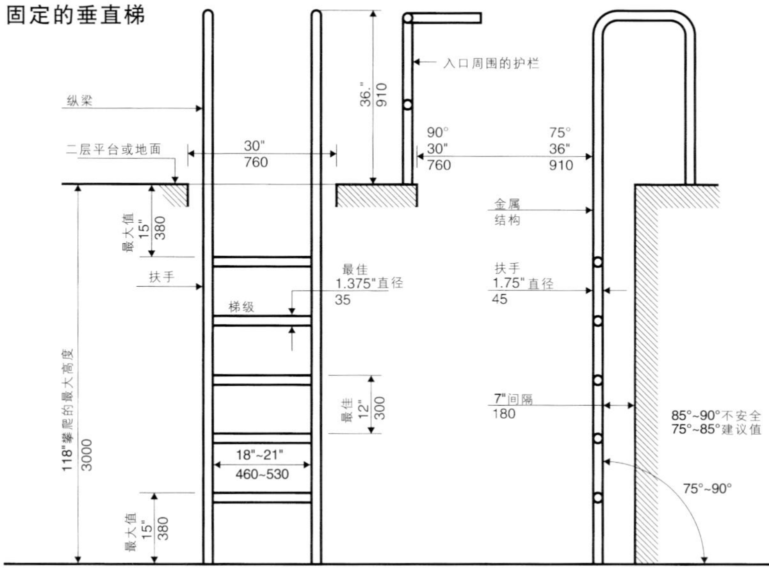

笼梯

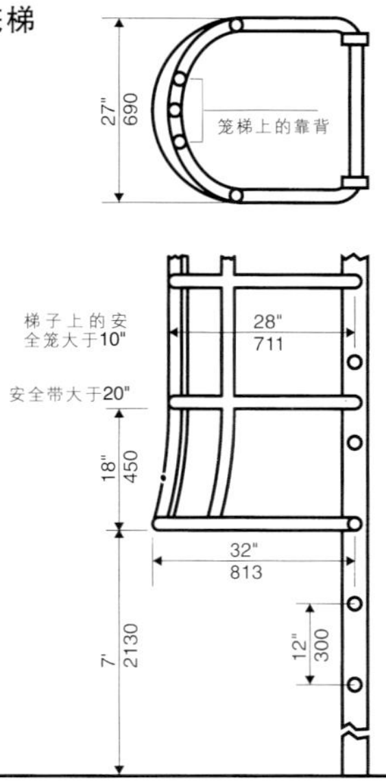

便携式梯子

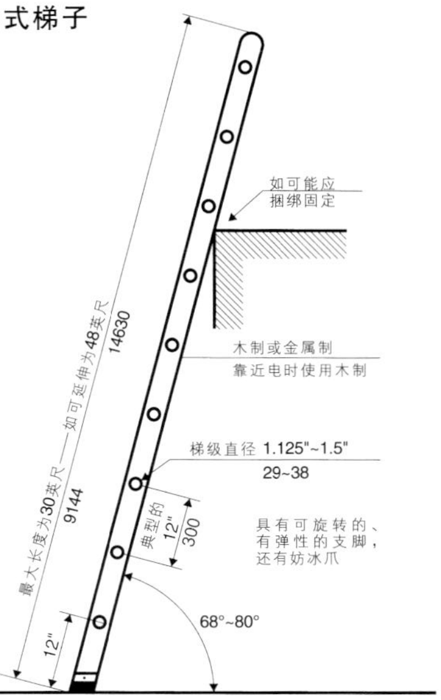

室内踏步

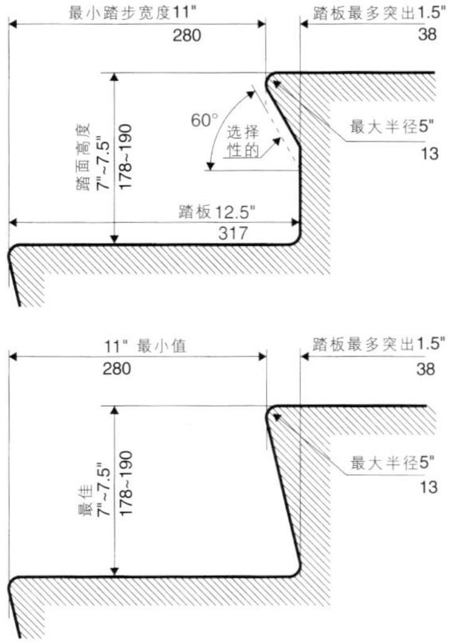

楼梯

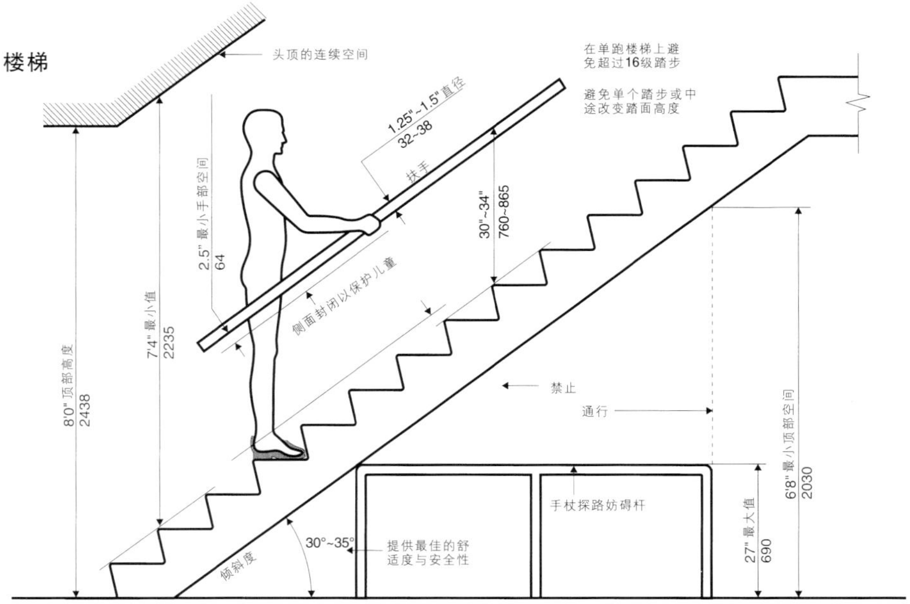

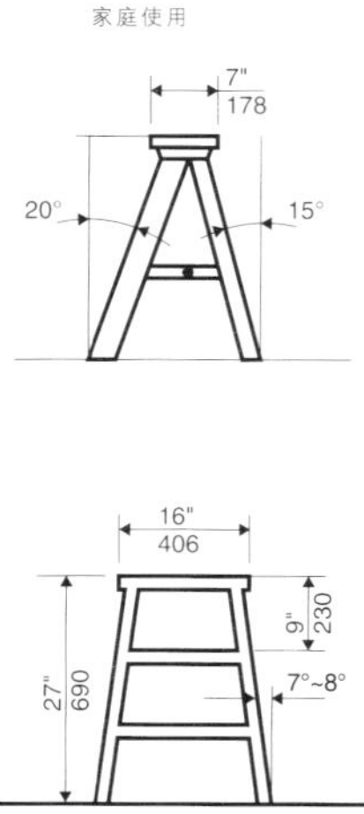

踏板梯子

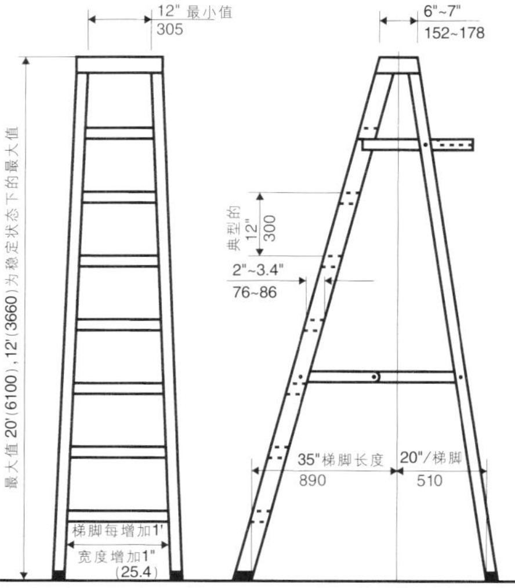

移动设备上的踏板

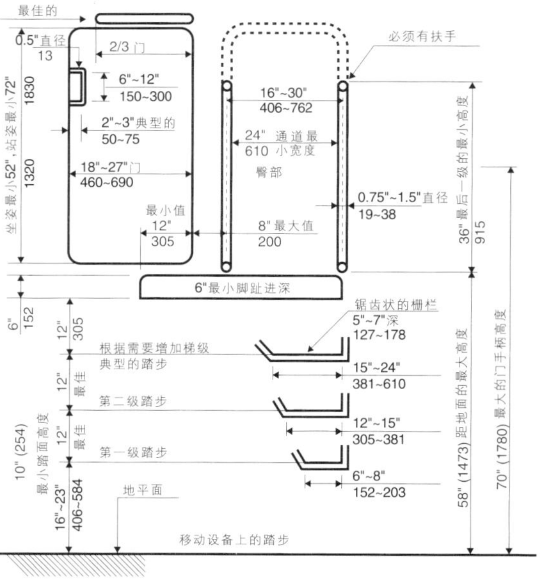

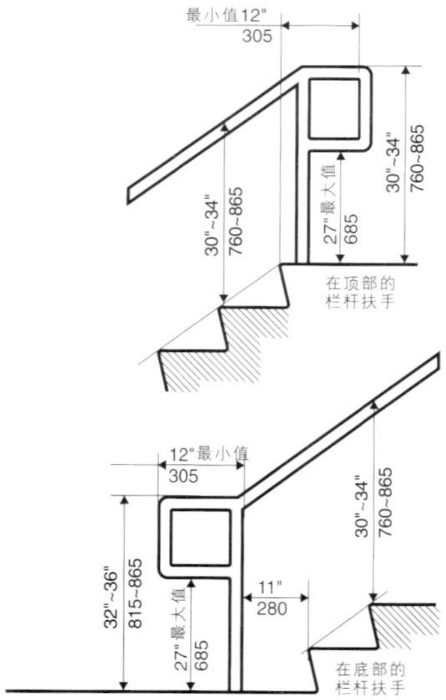

工业用梯

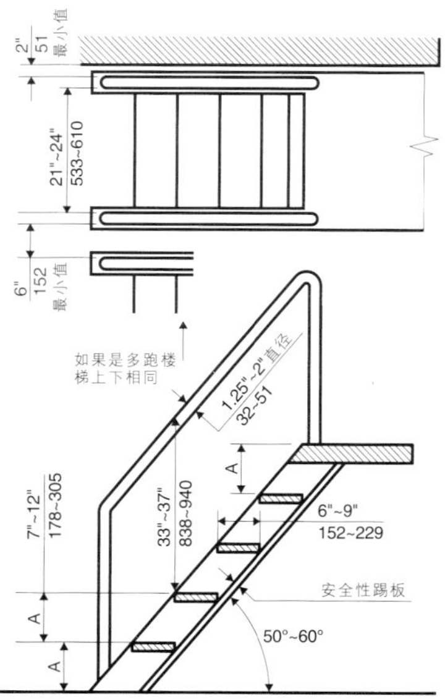

室外楼梯

为减少事故的发生，踏步误差需控制在0.2"(5mm)以内

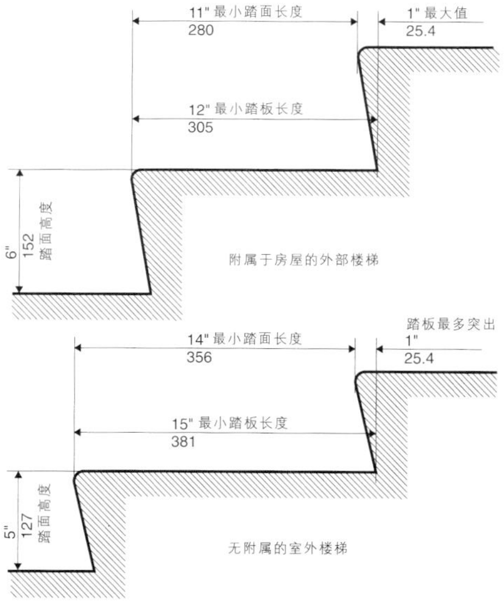

汽车驾驶室

车辆座椅的常量

本节内容用于满足车内乘员的需要。我们必须注意的是所给出的坐姿仅适用于驾驶员；乘客会喜欢一个更大的座椅和靠背角度。插图反映了1百分位数的身材矮小的女性司机和99百分位数的身材高大的男性司机全神贯注驾车时的姿势。

这个插图绘出了驾驶车辆时最适宜的踝关节角度、膝盖角度、脊背和大腿角度。它们几乎适用于所有车辆，只是车内的地板角度随车型的变化略有不同，如赛车、跑车、轿车、卡车、货车、公交车、工程车辆和通过围绕一个基点进行旋转的固定工作平台。

对所有车辆而言，座椅和靠背都是固定的，但头靠将会有些变化，因为头部中心线必须垂直于所选择的路线。

车辆的外形千变万化：比如赛车的前阻力要低；农业和工业车辆的长度较短，向下的可视性是非常重要的，而空气动力性并非关键要素。

车辆的方向盘会因车而异。为了保持正确的腿部空间，在一些情况下方向盘的设计角度可能会有所改变。

◆ 一个放松的脚踝度数是100度，假设鞋的角度为6~6.5度。这个角度适合于在正常速度行驶时左脚放松休息，右脚踩在油门踏板上。

◆为保持对踏板的最大压力，膝盖最好在110~120度之间。因为当腿部抬起踩刹车时，膝部角度会变小，所以选择120度。而且如果需要，脚部也能够形成85度角的倾斜。图中显示椅面到靠背的角度为95度，大腿骨的角度为3度，腿骨和脊椎骨为98度(95~100度是最佳选择范围)。

◆赛车、跑车和小汽车的头枕部位必须保持与头部中心线的垂直性。赛车的头枕应该是为赛车手特制的，从而具有侧面支撑保护作用。

◆注意在六种车辆中，每种之间有5度的变化；必要时，可以超过5度的变化。

◆每一条5度线上给出了座位垂直和向前的调整变化尺度。

◆插图反映了制动器踏板的压力点。制动踏板的行程可能随着制动系统和制动压力而改变，推荐最好采用助力制动，可以节省98%的力量。

农业机械与工业设备

这些插图表现了99百分位数的男性和1百分位数的女性坐姿侧视图。第二幅为各自的俯视图。这些设计布局的意图是确定包括拖拉机在内的各型车辆的驾驶控制区域。

这类座椅的设计起点是从脚后跟点开始：假设鞋的后跟厚度为1.2英寸(30毫米)，脚部抬起6.5度。这种情况下，假定脚踝处于96.5度的位置。为保证身材高大的男性前后占用较小的空间，膝部成110度角，这是一个关键的尺度。脊柱与大腿上部(大腿骨)形成的舒适夹角是100度。插图中人坐在可以高低旋转的座椅上，将座椅抬升到最高位置，椅面前端边缘高度是19.5英寸(485毫米)，座椅参考平面高度是17.8英寸(452毫米)。椅面长度16.5英寸(419毫米)，成5度的倾斜角。靠背中线与垂直线夹角设为10度，椅面与椅背成95度角，这样也是一个令人感到舒适的角度。腰部支撑中心离座椅参考平面11英寸(279毫米)，人坐下后，距离会缩短0.5英寸(13毫米)。这就为臀部留下了3英寸(76毫米)的空间，在腰部支撑中心的上下3英寸处留出了5英寸 (127毫米) 的空间用于骶骨支撑。剩余的上部空间用来做胸部支撑，靠背高度为20英寸(500毫米)。

插图同样反映了针对1百分位数的身材矮小女性的分析。腰部压力中点的高度为8英寸(203毫米)，在腰部受力中心上下2英寸(51毫米)处。

再分析椅面的变化，我们发现合理的座椅要求有4.4英寸(112毫米)的竖向调整和7英寸(178毫米)的水平调整。

方向盘应该设置在对所有驾驶员都理想的位置。它应该能缩短5英寸(127毫米)，另外方向盘与垂直向夹角应在30~60度之间。

图中给出了对两性驾驶员都最有效的手部位置。列出了5百分位数的握力，从而我们可以学习运用1百分位数的女性5百分位数的力量。

图中画出了在头部垂直位置上视线与色彩辨识的极限。头部向前倾斜15度是舒适的。事实上，头部可以很容易地前后倾斜30度，最大前后倾斜角度可达50度。

俯视图帮助我们了解99百分位数的男性和1百分位数女性的驾驶控制区域的位置。先从腿部为出发点，将双腿确定在舒适的范围之内从而获得正常的加速姿态。制动踏板和离合踏板都易于布置，二者间还要留有2英寸(51毫米)的距离避免不小心造成的操作失误。

对于手部控制区域的分析是关注的重点。最佳的位置应在后脚跟线之后4英寸(102毫米)处，长度为12英寸(305毫米)的范围。这个重要的控制区距驾驶员中心线11英寸(280毫米)，并向外延伸5英寸(127毫米)。这样驾驶员会很容易控制到。稍远一点，用虚线绘出了一块更大的操纵区域，这些主要操纵区域以外的任何区域都只是用作二级的操纵区域。整个操作区必须低于扶手2英寸(51毫米)。

20.5英寸(520毫米)的扶手间距是一个合适的距离。对身穿异常厚重衣服的司机来说22英寸(559毫米)是最理想的。扶手的舒适宽度应为3英寸(76毫米)，最小应避免少于2英寸(51毫米)。长度为8英寸(203毫米)的扶手算是短的，是为了避免扶手伸到主操纵台造成身材矮小的女性驾驶员操作时的困难。

如果我们要为身高59.8英寸(1 520毫米)、占5百分位数的女性驾驶员进行设计，她们的座椅上下调整幅度为4英寸(102毫米)，前后调整距离为5英寸

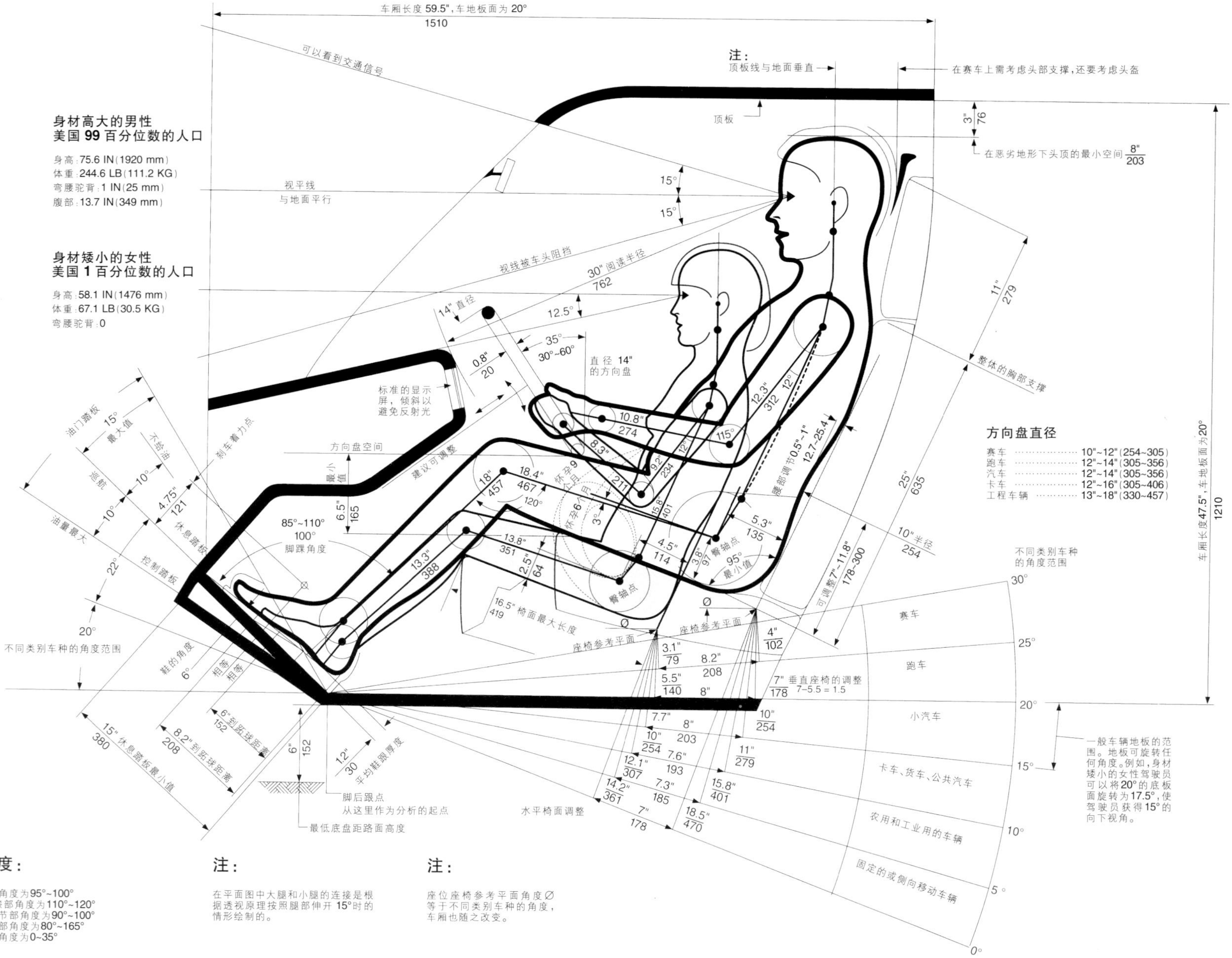

舒适的角度：

全神贯注时椅面角度为95°~100°
为了发挥力量，膝部角度为110°~120°
舒适状态下踝关节部角度为90°~100°
手舒适状态下肘部角度为80°~165°
舒适状态下上臂角度为0~35°

注：

在平面图中大腿和小腿的连接是根据透视原理按照腿部伸开 15°时的情形绘制的。

注：

座位座椅参考平面角度 Ø 等于不同类别车种的角度，车厢也随之改变。

图 36 车辆座椅的恒定因素

(127 毫米)。扶手长度达到 10 英寸(254 毫米),这种设置是更合适的尺寸。身材更矮小的女性可以使用 5 百分位数的座椅,膝部成 120 度,并将骨盆向前倾斜。

在侧视图中显示了视角和头部倾角。视平线上下绘出了辨色角度。插图给出了驾驶员的触及范围,注意弯曲的躯干尺度可能要受到肩部安全带的限制。

图中只给出左眼的视线角度,右眼的视线角度与左眼相同。向前看的时候,能看到头部两侧 30 度范围内所有的颜色,但是单只眼睛不能看到所有的颜色。图中显示了双眼与单眼的视域;当然,这些区域是随着头部转动而改变的,插图说明了头部轻松转动与最大转动的范围。

人们采用了特殊的控制手段和修订方法。这些图形是用来分析由木材、胶合板、纸板、塑料或金属制成的实验模型。比例模型不完全等价于驾驶员能自己调整控制台和座椅的全尺寸驾驶室。在 99 百分位数男性驾驶员的侧视图上,值得注意的是行驶在不同地形道路上时头顶上和头后部的空间。

另外值得注意的是球状手柄和柱状手柄。球状手柄直径为 1.5 英寸(38 毫米),柱状手柄为 1.25 英寸(32 毫米),它满足了身材矮小的使用者的需求。

手部与脚部的控制力量

在“男女力量”表中,以 50 百分位数的美国男性坐姿开始。同样以最大 110~120 度的膝部角度,5 百分位数的男性脚部跖球踩到制动踏板的力量为 114 磅力(507 牛顿);5 百分位数的女性为 76 磅力(338 牛顿)。取 2/3×76=50 磅力(222 牛顿)为不过度紧张疲劳状态的踩踏接触。另外,制动踏板几乎是直着向前踩的,这有益于所有的使用者。

关于油门踏板,参见表格“足部的尺度与踏板设计”。图中绘出汽车在稳定的巡航状态下,脚部静止不动时的位置。再向下踩 10 度将是高速,而抬起 10 度则油门踏板即会关闭。再向上抬高 5 度是油门踏板的最高位置,这种设置便于脚放在踏板上休息,又不会引起油门踏板给油提速。

以下概括了足控制的细节:

刹车

阻力:	10~50 磅力(44.5~222.4 牛顿)
自由行程:	1.2 英寸(30 毫米)
踏板行程(穿靴子时需双倍行程):	
	0.5~2.5 英寸(13~64 毫米)
油门踏板以上的高度:	
	1.2 英寸(30 毫米)对于助力刹车
	3.6 英寸(91 毫米)对于非助力刹车

油门

阻力:	4~10 磅力(17.8~44.5 牛顿)
自由行程:	5 度
最大行程:	20 度

回到“男女力量”表,可以确定一些手部力量。当操作台在右侧时,采用细线画的手以及 5 百分位数的女性力量数据。

因为操作台在右侧,取数值的 84%。例如,向前推进 30 度为 20.2 磅力(90 牛顿),向后拉回则为 23.5 磅力(105 牛顿);向前推得很近需 19.3 磅力(85.7 牛顿),向后拉得很近需 13.4 磅力(59.6 牛顿)。这些力都是肩部支点呈放射状地运动工作获得的。

向右移动时(仍然采用 84% 的数值):8.4 磅力(37 牛顿);向左移动时:12.6 磅力(57.1 牛顿)。在背后时,向右移动为 9.2 磅力(41.2 牛顿);向左移动为 10.9 磅力(48.7 牛顿)。

其他的力值标准可以用来满足特殊情况。

通过观察右侧插图中的男性,我们可以发现,他的身体姿势不是固定不动的。针对各种力量选择,我们采用女性力量数据的 2/3 以满足 99% 的成年人口需要。

握力

	最大(千克)	持续的时间(秒)
男	59.3	63.1
女	35.5	73.9

一般来说,男性肌肉力量要大于女性,而女性耐力会强于男性。

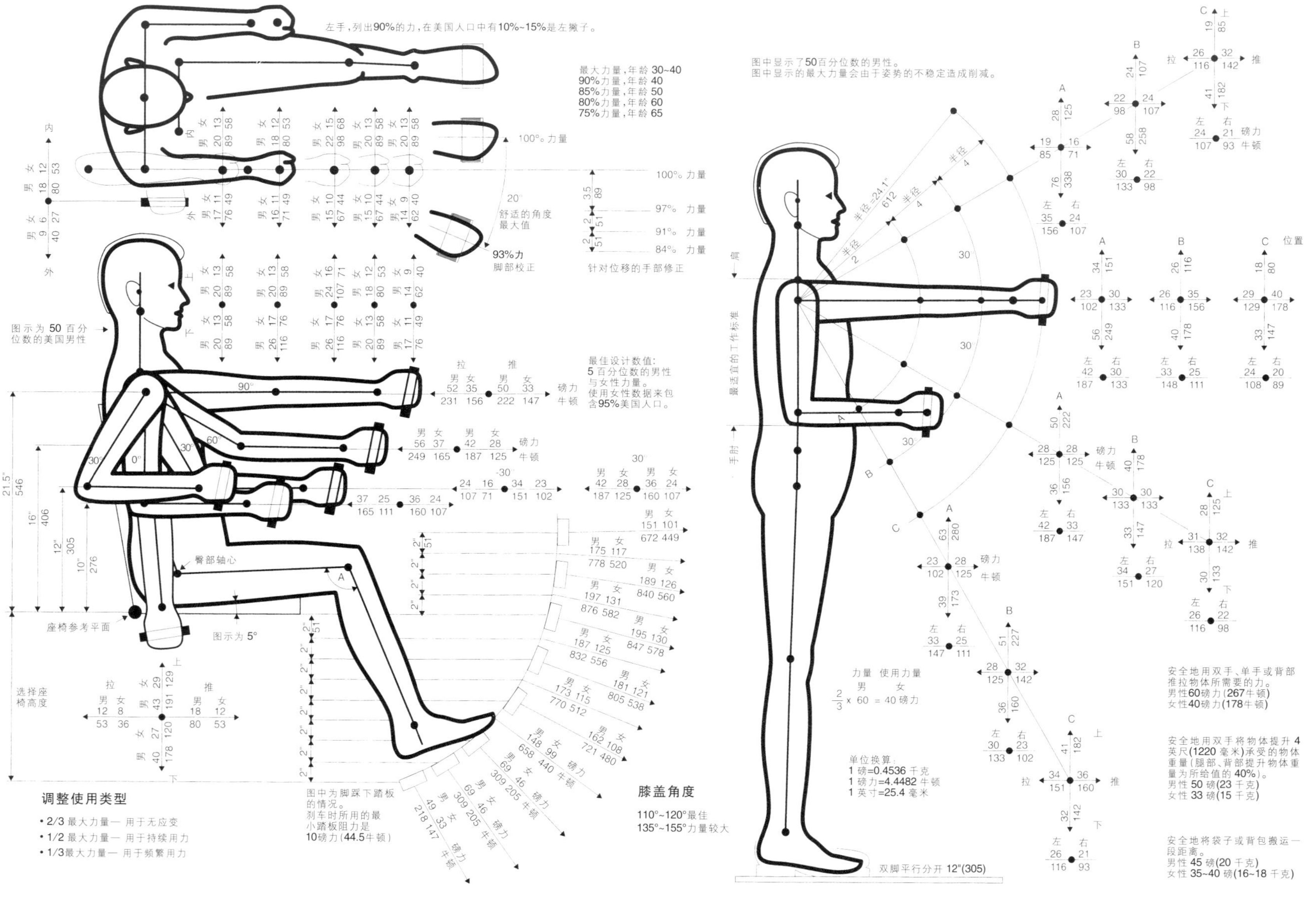
左手，列出90%的力，在美国人口中有10%~15%是左撇子。
最大力量，年龄 30~40
90%力量，年龄 40
85%力量，年龄 50
80%力量，年龄 60
75%力量，年龄 65
100%。力量
20°
舒适的角度
最大值
93%力
脚部校正
97%。力量
91%。力量
84%。力量
针对位移的手部修正
图示为 50 百分位数的美国男性
拉 推
男 女 男 女
52 35 50 33 磅力
231 156 222 147 牛顿
最佳设计数值：
5 百分位数的男性
与女性力量。
使用女性数据来包
含95%美国人口。
臀部轴心
座椅参考平面
图示为 5°
选择座椅高度
调整使用类型
• 2/3 最大力量— 用于无应变
• 1/2 最大力量— 用于持续用力
• 1/3最大力量— 用于频繁用力
图中为脚踩下踏板的情况。
刹车时所用的最小踏板阻力是
10磅力(44.5牛顿)
膝盖角度
110°~120°最佳
135°~155°力量较大
图中显示了50百分位数的男性。
图中显示的最大力量会由于姿势的不稳定造成削减。
半径=24.1″ 612
半径 4
最适宜的工作标准
肩
手肘
双脚平行分开 12″(305)
力量 使用力量
男 女
2/3 x 60 = 40 磅力
单位换算：
1 磅=0.4536 千克
1 磅力=4.4482 牛顿
1 英寸=25.4 毫米
安全地用双手、单手或背部推拉物体所需要的力。
男性60磅力(267牛顿)
女性40磅力(178牛顿)
安全地用双手将物体提升 4 英尺(1220 毫米)承受的物体重量(腿部、背部提升物体重量为所给值的 40%)。
男性 50 磅(23 千克)
女性 33 磅(15 千克)
安全地将袋子或背包搬运一段距离。
男性 45 磅(20 千克)
女性 35~40 磅(16~18 千克)

车辆上的脚部控制器

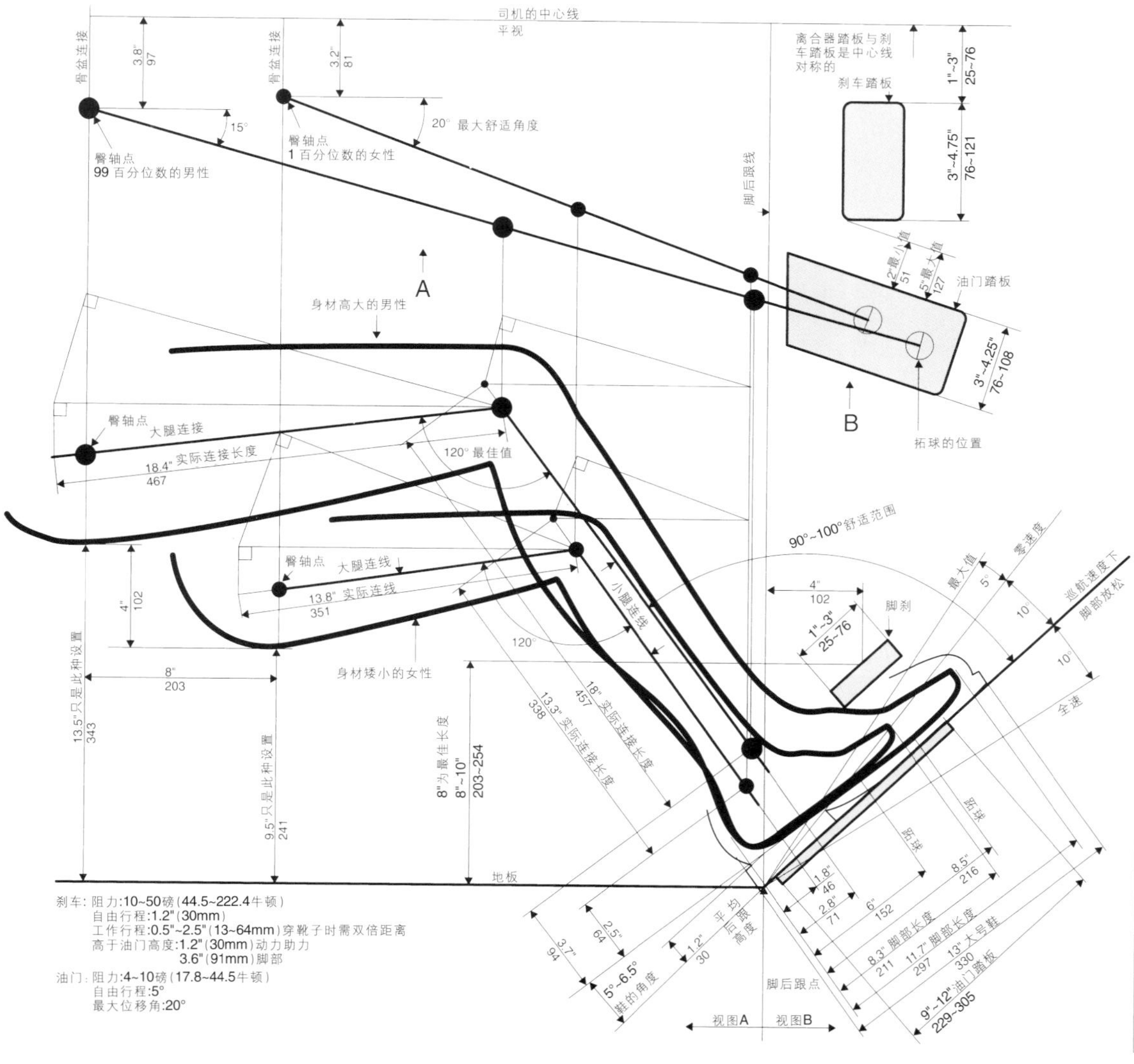

刹车：阻力:10~50磅(44.5~222.4牛顿)
自由行程:1.2"(30mm)
工作行程:0.5"~2.5"(13~64mm)穿靴子时需双倍距离
高于油门高度:1.2"(30mm)动力助力
3.6"(91mm)脚部

油门：阻力:4~10磅(17.8~44.5牛顿)
自由行程:5°
最大位移角:20°

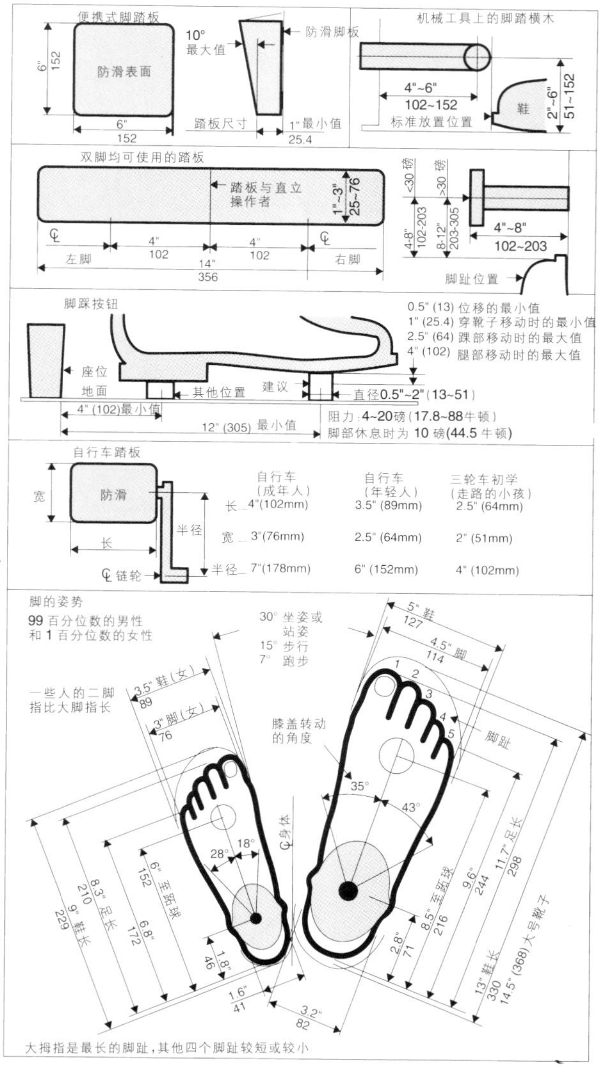

	自行车（成年人）	自行车（年轻人）	三轮车初学（走路的小孩）
长	4"(102mm)	3.5" (89mm)	2.5" (64mm)
宽	3"(76mm)	2.5" (64mm)	2" (51mm)
半径	7"(178mm)	6" (152mm)	4" (102mm)

大拇指是最长的脚趾，其他四个脚趾较短或较小

99 百分位数的美国男性

身高:75.6"(1920mm)
体重:245.2磅(111.2 Kg)

95 百分位数的美国/加拿大农民

身高:75.6"(1920mm)
体重:224.0磅(101.6 Kg)

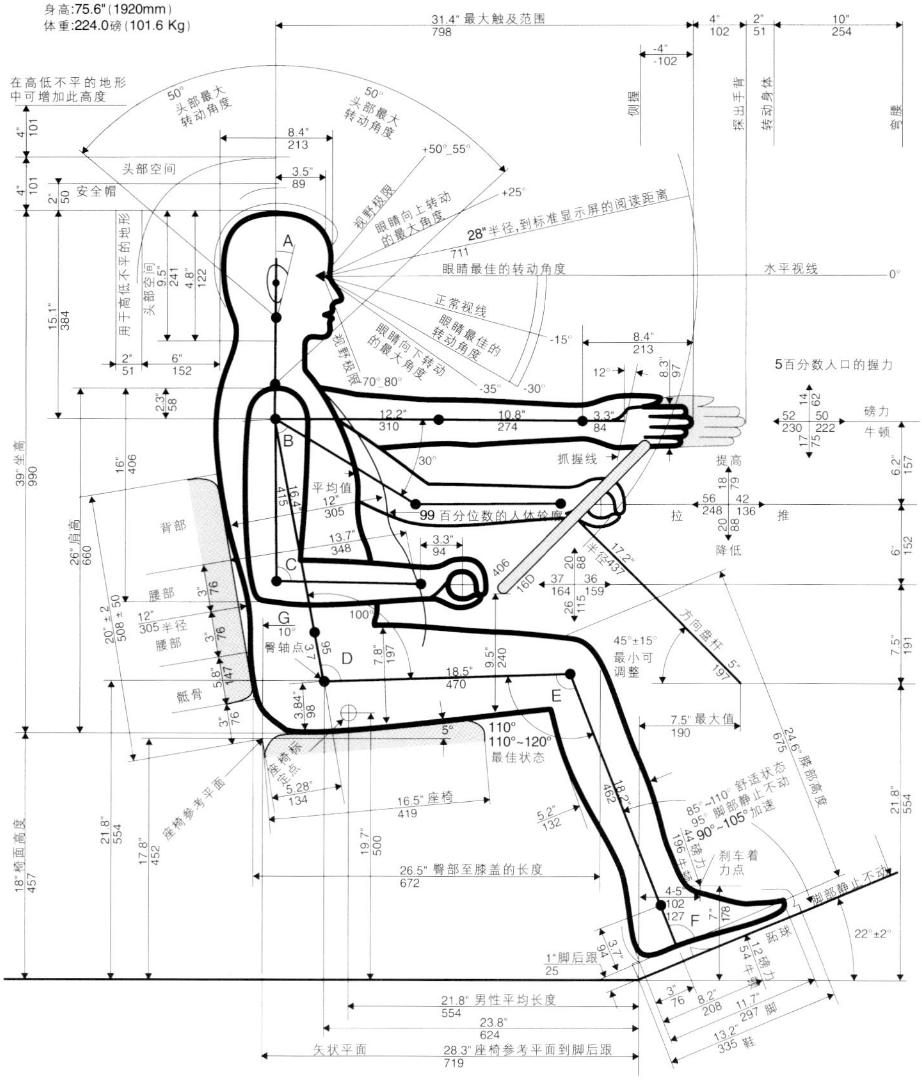

1 百分位数的美国女性

体重:67.3磅(30.5 Kg)
身高:58.1"(1476 mm)

舒适状态时所成的角度

部位	角度	范围
头部	A	0~15°
上臂	B	-15°~45°
肘部	C	80°~120°
臀部	D	95°~120°
膝盖	E	95°~135°
踝	F	85°~110°
后背	G	10°~30°

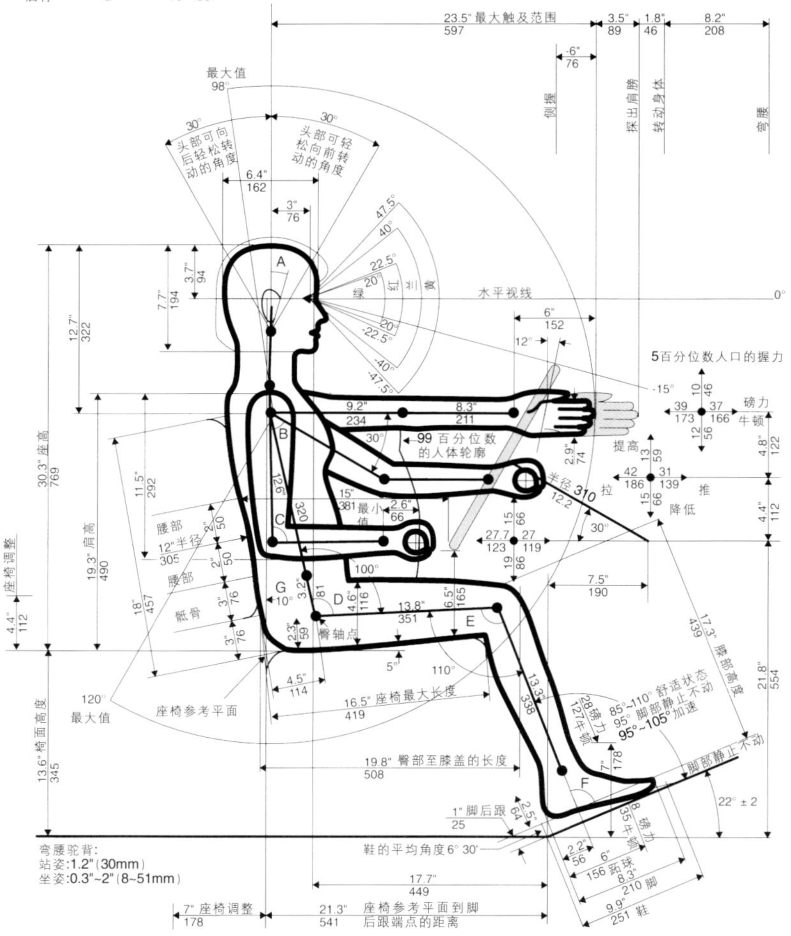

图 39 农业与工业的人体测量学数据与座椅(侧视图)

99 百分位数的美国男性

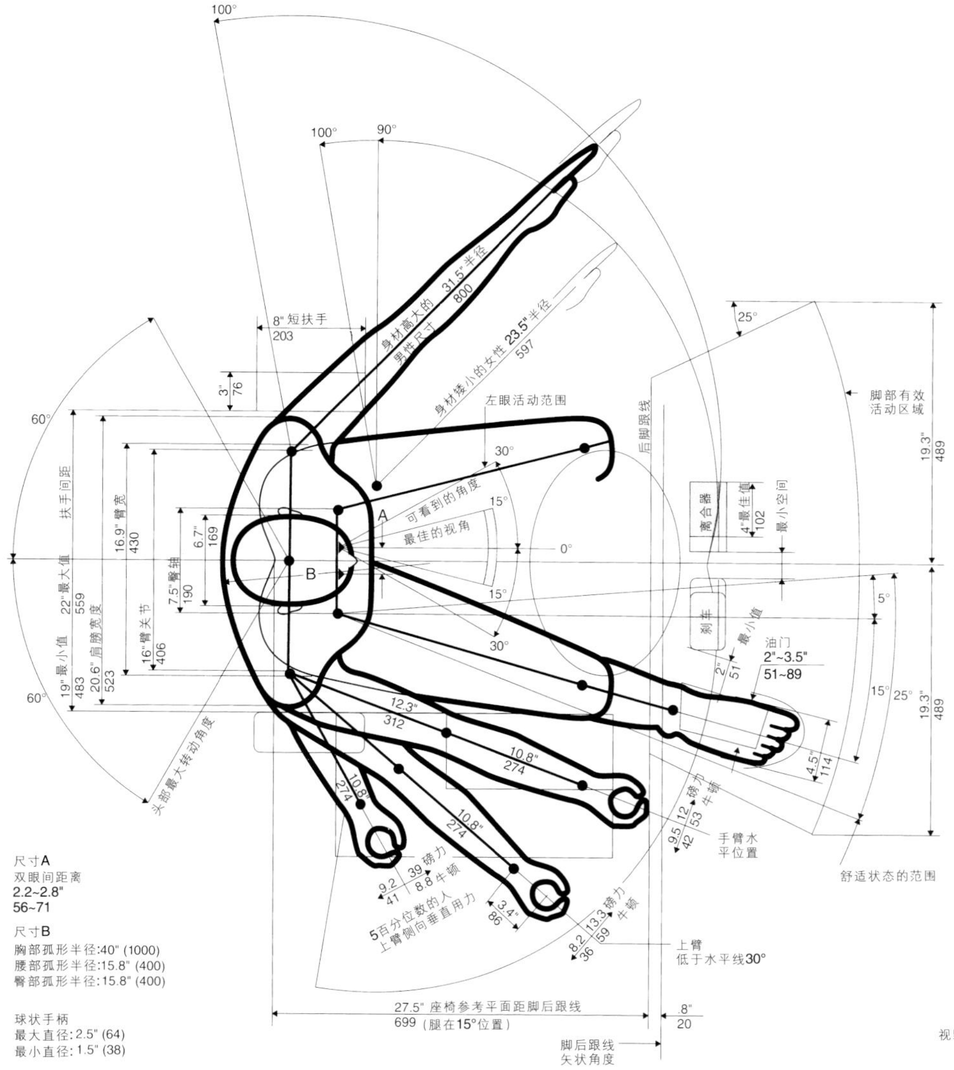

尺寸A
双眼间距离
2.2~2.8"
56~71

尺寸B
胸部孤形半径:40" (1000)
腰部孤形半径:15.8" (400)
臀部孤形半径:15.8" (400)

球状手柄
最大直径:2.5" (64)
最小直径:1.5" (38)

圆柱形手柄
最大直径:1.75" (44)
最小直径:1" (25)

1 百分位数的美国女性

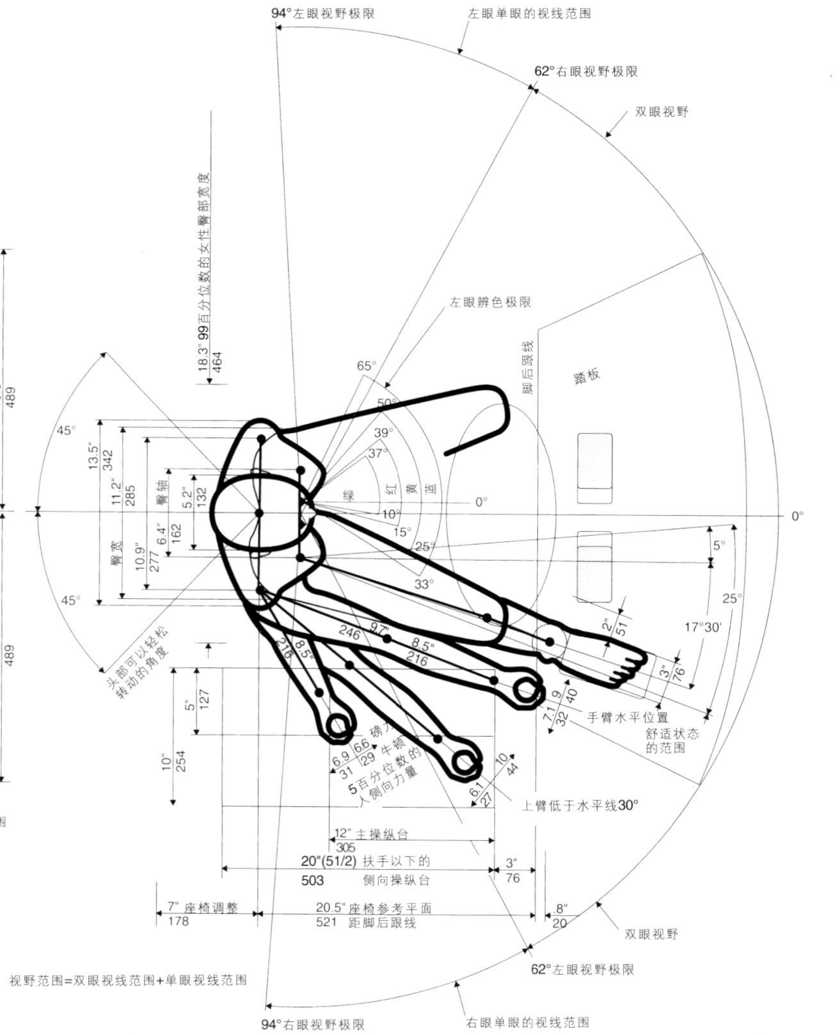

显 示

建议的尺寸是身材矮小的女性在坐姿状态下围绕肩部关节半径 26.5 英寸(67.2 毫米)的触及范围以及向下能够触碰到控制面板的范围。这包含了 3 英寸(76 毫米)的肩部移动,加上 6 英寸(152 毫米)的腰部弯曲距离,她能够触及 24 英寸(610 毫米)宽的控制面板。最佳的显示位置应在人眼放松时的视线上下各 15 度、顶角为 30 度的圆锥状范围内。这在观察四个操纵台中的任何一个时都会形成一个直径为 11 英寸 (280 毫米)的最佳视线圈。无论有无手动操纵按钮,这都是最重要的显示区域,它同样适用于显示器。

圆形仪表盘和数字显示

建议使用圆形仪表盘、半圆形仪表盘、校验仪表盘和带形仪表盘。常用的有计数器式的、机械式的和数字式的刻度盘，以及点阵式和分段式的读取器和图形显示器。如图所示使用简化的刻度和指示器。

避免繁杂的指示物。指针宽度要符合需求的宽度,并且端部要逐渐变细以匹配较小的指数宽度。指针的颜色需与刻度的色彩相匹配，特别是当指针与刻度齐平时。

圆形仪表盘和图形显示

建议使用仪表盘的直径为 2.75~4 英寸 (57~102 毫米);或者为了更精确,使用 4~6 英寸(102~152 毫米)的仪表盘。0 指数从刻度盘底部的左侧开始(例如在 9 点钟位置),并且沿顺时针方向记数,或者将 0 指数放在 12 点钟位置也是可行的。数字总是在刻度指数的外侧;对于很小的仪表盘、校验仪表盘和带形仪表盘要求刻度数字在内侧。

使用发光二极管和液晶显示的圆形显示器易于读取,并且可以在一个很小的空间里显示很多的信息。

标志

所有的数字都要垂直读出。应使用 Sans Serif 字体的数字和字母。避免使用花哨的指针、商品名称和标识。保持指针简洁(如插图)。注意指示方向箭头的最佳比例。

指针

根据不同的仪表盘,指针宽度有如下不同规格:

2 英寸(26 毫米)仪表盘使用 0.031 英寸(0.8 毫米)指针。

3 英寸(76 毫米)仪表盘使用 0.062 英寸(1.6 毫米)指针。

4 英寸(101.6 毫米)仪表盘使用 0.094 英寸(2.4 毫米)指针。

图形指示器

图形对解释特定关系（如飞机的高度、俯仰和滚转)具有极大的帮助,而且可以代表部件(如襟翼指示器)。使用的符号必须直接表达出它们代表的部件或对象。

信号和警报灯

灯光显示可以是全方向的。它可以做成控制面板上简单的指示器,闪烁的指示器表示非正常状况。仪表的指示灯用来强调已超出了安全范围。多功能指示器可以显示图像、流程图表、数字读数或语音数据。在信号超出了正常显示范围时主警告灯等应发挥作用。

信号面板提供了视觉指令。信号面板可在最佳的显示区域内将简单指示器呈矩阵排列，这取代了很多分散的设备信号。

带有颜色编码的后照明式面板，是显示图形的最好方法。

不要过度使用发光显示器,如果可能,应使之保持在 30°角的圆锥形区域内，最好将它们向下倾斜 15 度,将颜色保持在最低限度。下面的信号灯色彩指示,色盲患者也能辨识。

白色是正常状态的指示颜色。

红色表示危险状况,故障失灵。

绿色表示安全、正常或可以通行的状况。

琥珀色或黄色表示需要引起注意。

考虑使用两种亮度,一种是白天使用,一种晚上使用。无光的黑色面板能够提高信号的显示效果。将最重要的信号与其他信号分开设置。指示灯并不是靠大体量来显示效果,重要的是选择合适的颜色和亮度。

闪烁的灯光更能吸引人的注意力，但同时也会给观察者带来更多的干扰。推荐的闪烁频率是 4 次/秒,明暗持续时间也要大体相等。

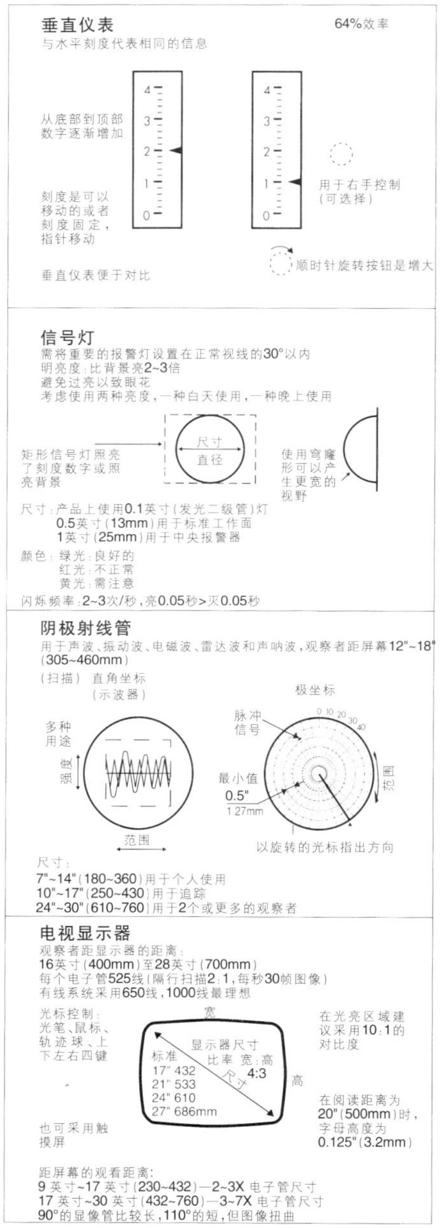

电子显示

一般来说，目视距离应为 12~18 英寸（305~460 毫米）。对于更多的个人来说，7~14 英寸(180~360 毫米)是一个合适的距离，对两个或更多的观察者来说，建议 24~30 英寸(610~760 毫米)，显示屏幕应该垂直于正常视线，不要偏离轴线 30 度以上。

最小的信号视角是 1 分。最少的信号持续时间为 0.2 秒。

信号亮度与背景的对比度应尽可能大。通常对比度一般超过 1 毫朗伯(1mL)。

面板或显示屏幕不应反射周围的照明灯光。如有必要，使用灯罩或滤光器。

[本部分数据资料摘自：1981 年出版的《人体比例 4/5/6》；德雷福斯（Dreyfuss），1960；和武德森（Woodson），1981]

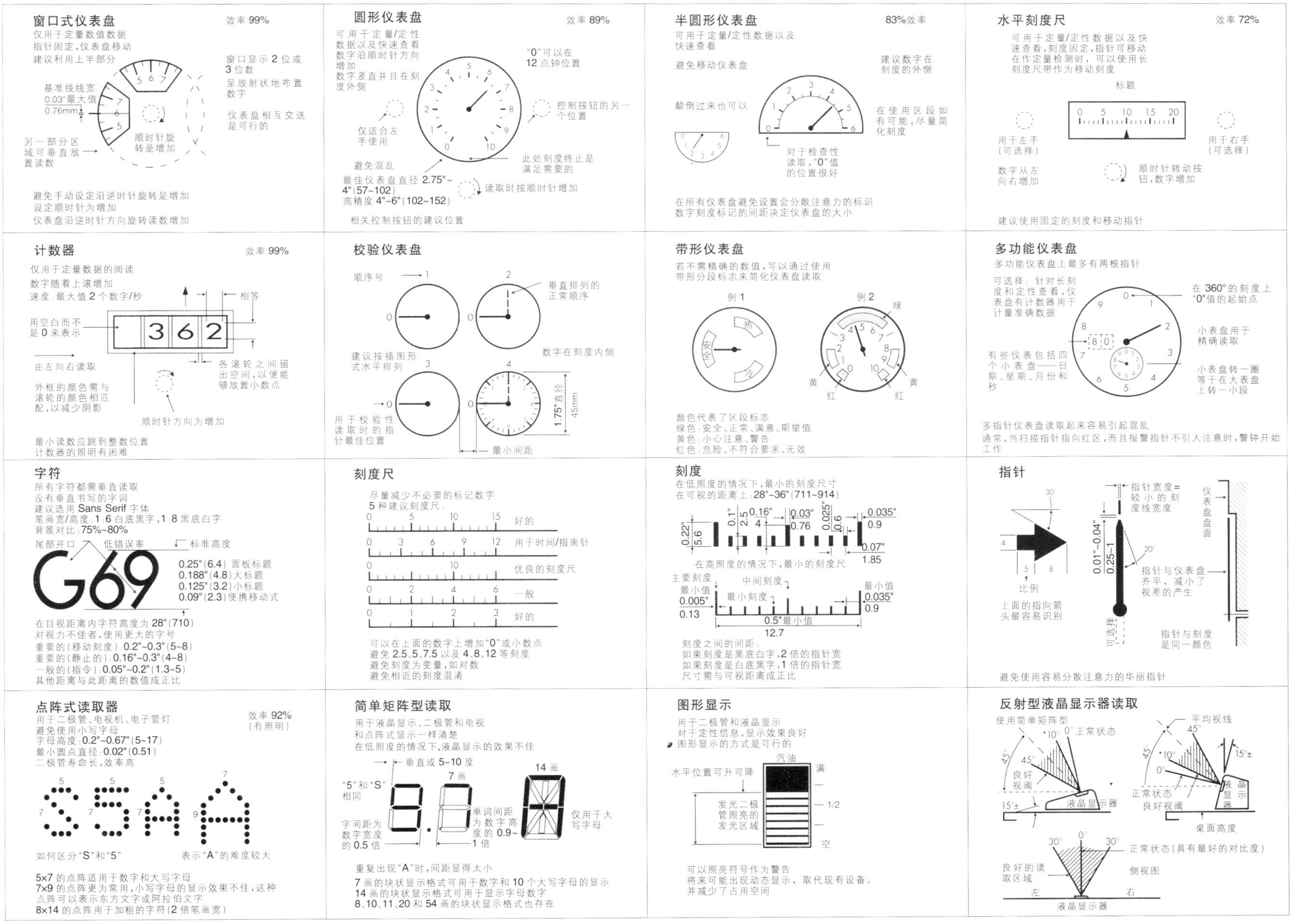

手动控制

适宜的触及区域是身材矮小的女性坐姿时的触及范围，此时她的视线水平，以她的肩轴为圆心，半径为26.5英寸（672毫米）的区域，向下能触碰到四个控制面板。这包括3英寸（75毫米）的肩部移动。在封闭环境中工作时，坐在控制台前的矮小女性可以肘轴为圆心，触及半径为12英寸（305毫米）。加上3英寸（75毫米）的肘部移动，她可以碰到面板上的所有区域。

最佳高度是通过测量她的肩部向下，直到她的手碰到面板。操纵面板24英寸（610毫米）的狭窄宽度使她能触及面板的所有区域。

人体运动的组织

下列5种运动，根据增加的用力程度、体力消耗和操作时间排序：

1.手指；

2.手指、腕关节；

3.手指、腕关节、前臂；

4.手指、腕关节、前臂、上臂；

5.手指、腕关节、前臂、上臂和身体。

这里有一个例外：手腕运动可能比手指运动更会令人疲劳。在操作标准的计算机键盘时，尽可能使手腕和前臂保持在一条直线上。

决定准确的触及范围的因素

我们应对各种动态运动进行图形分析，考虑肩轴的各种运动以及使用各类操纵装置时的手部姿态。我们可以探出肩膀、转身、弯腰或这些动作的组合来扩大触及范围。由于这些运动是否直接在操纵者身前进行还是在某一侧（或者二者之间的某点）进行以及操作者的男女性别等原因，触及范围会有所不同。

控制行为的组织

频繁使用的操纵控制按钮是最容易看到和触及的。紧急控制按钮就属于这一类，如果是危险的紧急按钮，就必须对它们加以保护以免误操作。相关的控制按钮应以逻辑方式设置在一起。

为了实现快速、准确的操作，在按钮周围容易触及的区域留出6~8英寸（152~203毫米）的空隙，在不易触及的区域周围留出两倍的空隙以保证盲人能够触到。操作按钮时动作的顺序应该简短、有效、协调和平顺，避免倒退、重复和间接的移动。

双手对称地同时操作可以节省时间并减少错误。控制动作应该自然，考虑肌肉运动的效率和方向。机械或者车辆上控制按钮的标准化确保了操作者在从一台机器转到另一台机器时减少了误操作和事故。

抓握设计

手柄的设计应该符合手部运动原理和使用原理，并且所有的把柄应具有舒适的手感；通常使用球状和柱状的手柄。细小的手柄在大负载下会断裂；抓握过大的手柄让人觉得不可靠。理想的直径范围是0.875~1.25英寸（22~32毫米）。

球状或类似的手柄常用于轻和重的荷载。如果手柄是嵌入轴里面的，它们的形状并不需要是完整的球状。对于门把手的形状要求，采用L形而不是T形。

高扭矩旋钮

高扭矩的球形旋钮是一种直径1.5~3英寸（38~76毫米）的粗糙阀门旋钮。其外表面有便于手指抓握的凹槽。使用直径1英寸（25.4毫米）的球形旋钮用于非关键性的调整按钮，如音量、焦距和灯光的调整，这类调整只需很少的力。对于重要的调整按钮，例如波长或频率选择，则使用2英寸（51毫米）直径的按钮。滚花式按钮有利于手指的轻触。

刻度式按钮

当处于多功能操作位置时，刻度式按钮发生误操作的几率最小，而且节省了空间。但它们的操作速度低于上面的按钮，需要准确的触觉和视觉识别。最佳的直径为2英寸（51毫米）或稍小，带有0.75英寸（19毫米）深的指针。

曲柄

曲柄可以做超过180°的旋转。它们通常用于机械工具和相当精确的工作。最小的曲柄半径为0.5英寸（13毫米），可用于模具制作；而最大的可以达到20英寸（508毫米）的半径，这样的尺度一般身材的男性和身材高大的女性都可以使用。对于所有成年人来讲，建议使用半径8英寸（203毫米）的曲柄，并安装在合适的高度上。

图例：

LM —— 99百分位数的身材高大的男性
MEAN — 50百分位数的一般男性
SM —— 1百分位数的身材矮小的男性

LW —— 99百分位数的身材高大的女性
MEAN — 50百分位数的一般女性
SW —— 1百分位数的身材矮小的女性

注：插图中为裸手数据，工作手套厚 0.25"/6.4mm。可根据需要增加。

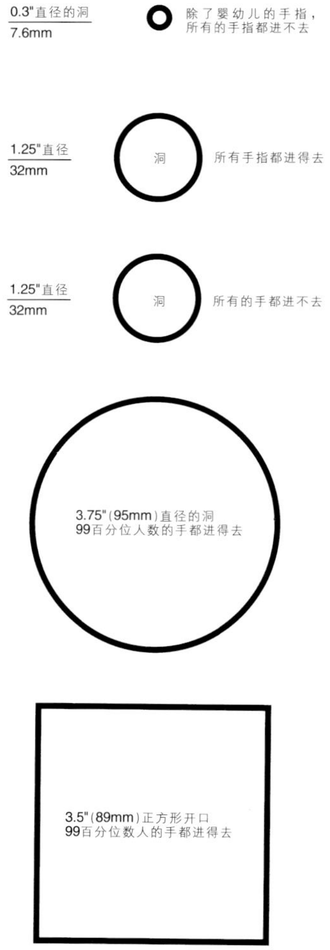

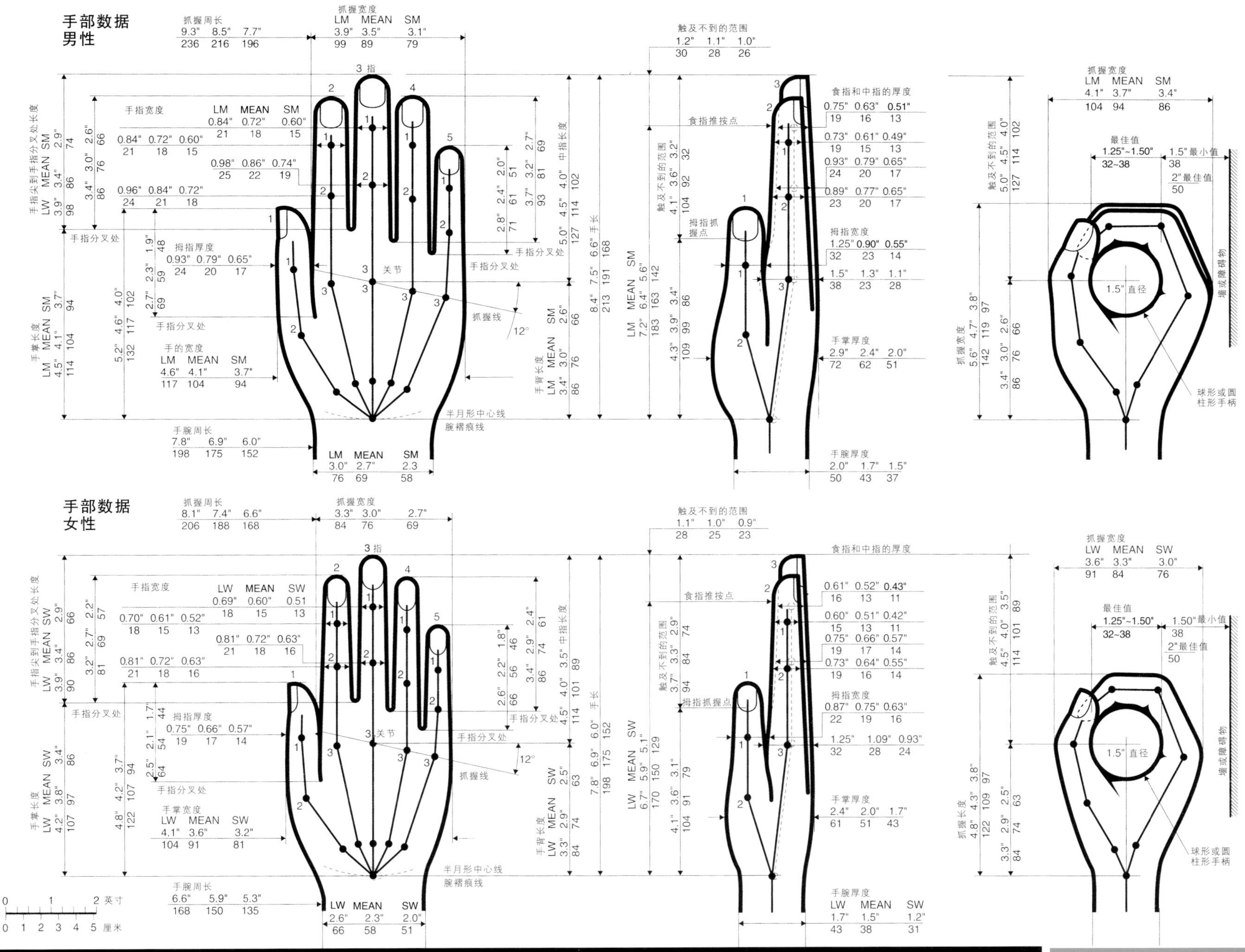
手部数据
男性
抓握周长
9.3" 8.5" 7.7"
236 216 196
抓握宽度
LM MEAN SM
3.9" 3.5" 3.1"
99 89 79
3 指
手指宽度
LM MEAN SM
0.84" 0.72" 0.60"
21 18 15
0.98" 0.86" 0.74"
25 22 19
0.96" 0.84" 0.72"
24 21 18
手指尖到手指分叉处长度
手指分叉处
拇指厚度
0.93" 0.79" 0.65"
24 20 17
关节
抓握线
12°
手的宽度
LM MEAN SM
4.6" 4.1" 3.7"
117 104 94
手掌长度
中指长度
手背长度
手长
半月形中心线
腕褶痕线
手腕周长
7.8" 6.9" 6.0"
198 175 152
LM MEAN SM
3.0" 2.7" 2.3
76 69 58
触及不到的范围
1.2" 1.1" 1.0"
30 28 26
食指推按点
拇指抓握点
食指和中指的厚度
0.75" 0.63" 0.51"
19 16 13
0.73" 0.61" 0.49"
19 15 13
0.93" 0.79" 0.65"
24 20 17
0.89" 0.77" 0.65"
23 20 17
拇指宽度
1.25" 0.90" 0.55"
32 23 14
1.5" 1.3" 1.1"
38 23 28
手掌厚度
2.9" 2.4" 2.0"
72 62 51
手腕厚度
2.0" 1.7" 1.5"
50 43 37
抓握宽度
LM MEAN SM
4.1" 3.7" 3.4"
104 94 86
最佳值
1.25"~1.50"
32~38
1.5" 最小值
38
2" 最佳值
50
1.5" 直径
墙或障碍物
球形或圆柱形手柄
抓握长度
手部数据
女性
抓握周长
8.1" 7.4" 6.6"
206 188 168
抓握宽度
3.3" 3.0" 2.7"
84 76 69
手指宽度
LW MEAN SW
0.69" 0.60" 0.51
18 15 13
0.70" 0.61" 0.52"
18 15 13
0.81" 0.72" 0.63"
21 18 16
0.81" 0.72" 0.63"
21 18 16
拇指厚度
0.75" 0.66" 0.57"
19 17 14
手掌宽度
LW MEAN SW
4.1" 3.6" 3.2"
104 91 81
手腕周长
6.6" 5.9" 5.3"
168 150 135
LW MEAN SW
2.6" 2.3" 2.0"
66 58 51
触及不到的范围
1.1" 1.0" 0.9"
28 25 23
0.61" 0.52" 0.43"
16 13 11
0.60" 0.51" 0.42"
15 13 11
0.75" 0.66" 0.57"
19 17 14
0.73" 0.64" 0.55"
19 16 14
拇指宽度
0.87" 0.75" 0.63"
22 19 16
1.25" 1.09" 0.93"
32 28 24
手掌厚度
2.4" 2.0" 1.7"
61 51 43
手腕厚度
LW MEAN SW
1.7" 1.5" 1.2"
43 38 31
抓握宽度
LW MEAN SW
3.6" 3.3" 3.0"
91 84 76
1.50" 最小值
0 1 2 英寸
0 1 2 3 4 5 厘米

男女的手部尺度 图 42

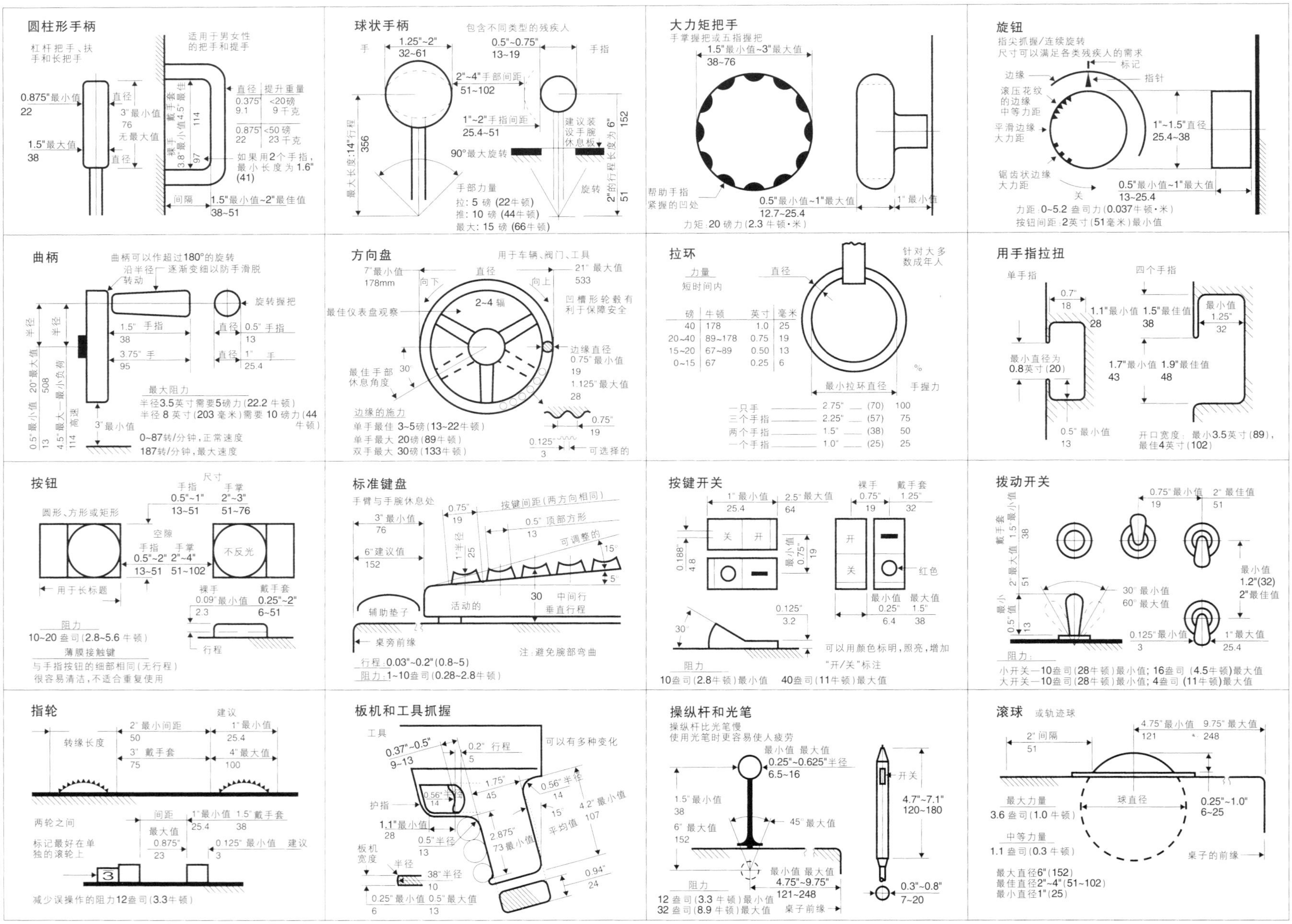
圆柱形手柄
杠杆把手、扶手和长把手
适用于男女性的把手和提手
0.875"最小值
22
1.5"最大值
38
直径
3"最小值
76
无最大值
直径
戴手套 最小值4.5"最佳值 114
裸手 3.8"最小值 97
直径 提升重量
0.375" <20磅
9.1 9千克
0.875" <50磅
22 23千克
如果用2个手指，最小长度为1.6"(41)
间隔 1.5"最小值~2"最佳值
38~51
球状手柄
包含不同类型的残疾人
手
1.25"~2"
32~61
0.5"~0.75"
13~19
手指
2"~4"手部间距
51~102
1"~2"手指间距
25.4~51
建议装设手腕休息板
90°最大旋转
最大长度:14"行程
356
2"的行程长度为6"
152
51
旋转
手部力量
拉: 5磅(22牛顿)
推: 10磅(44牛顿)
最大: 15磅(66牛顿)
大力矩把手
手掌握把或五指握把
1.5"最小值~3"最大值
38~76
帮助手指紧握的凹处
0.5"最小值~1"最大值
12.7~25.4
1"最小值
力矩 20磅力(2.3牛顿·米)
旋钮
指尖抓握/连续旋转
尺寸可以满足各类残疾人的需求
标记
边缘
指针
滚压花纹的边缘
中等力距
平滑边缘
大力距
锯齿状边缘
大力距
1"~1.5"直径
25.4~38
关
0.5"最小值~1"最大值
13~25.4
力距:0~5.2盎司力(0.037牛顿·米)
按钮间距:2英寸(51毫米)最小值
曲柄
曲柄可以作超过180°的旋转
沿半径转动
逐渐变细以防手滑脱
旋转握把
半径
半径
1.5" 手指
38
3.75" 手
95
直径 0.5" 手指
13
直径 1" 手
25.4
20"最大值
508
0.5"最小值
13
4.5"最大—最小负荷
114
高速
3"最小值
最大阻力
半径3.5英寸需要5磅力(22.2牛顿)
半径8英寸(203毫米)需要10磅力(44牛顿)
0~87转/分钟，正常速度
187转/分钟，最大速度
方向盘
用于车辆、阀门、工具
7"最小值
178mm
直径
21"最大值
533
向下
向上
2~4辐
最佳仪表盘观察
凹槽形轮毂有利于保障安全
最佳手部休息角度
30°
边缘直径
0.75"最小值
19
1.125"最大值
28
边缘的施力
单手最佳 3~5磅(13~22牛顿)
单手最大 20磅(89牛顿)
双手最大 30磅(133牛顿)
0.75"
19
0.125"
3
可选择的
拉环
针对大多数成年人
力量
短时间内
直径
磅 | 牛顿 | 英寸 | 毫米
40 | 178 | 1.0 | 25
20~40 | 89~178 | 0.75 | 19
15~20 | 67~89 | 0.50 | 13
0~15 | 67 | 0.25 | 6
最小拉环直径
%
手握力
一只手 2.75" (70) 100
三个手指 2.25" (57) 75
两个手指 1.5" (38) 50
一个手指 1.0" (25) 25
用手指拉扭
单手指
四个手指
0.7"
18
1.1"最小值 28
1.5"最佳值 38
最小值 1.25" 32
最小直径为0.8英寸(20)
1.7"最小值 43
1.9"最佳值 48
0.5"最小值
13
开口宽度: 最小3.5英寸(89)，最佳4英寸(102)
按钮
尺寸
手指 手掌
0.5"~1" 2"~3"
13~51 51~76
圆形、方形或矩形
空隙
手指 手掌
0.5"~2" 2"~4"
13~51 51~102
不反光
用于长标题
裸手 戴手套
0.09"最小值 0.25"~2"
2.3 6~51
行程
阻力
10~20盎司(2.8~5.6牛顿)
薄膜接触键
与手指按钮的细部相同(无行程)
很容易清洁，不适合重复使用
标准键盘
手臂与手腕休息处
3"最小值
76
6"建议值
152
0.75"
19
1"半径
25
按键间距(两方向相同)
0.5"顶部方形
13
可调整的
15°
5
辅助垫子
活动的
30 中间行
垂直行程
桌旁前缘
注:避免腕部弯曲
行程 0.03"~0.2"(0.8~5)
阻力:1~10盎司(0.28~2.8牛顿)
按键开关
1"最小值
25.4
2.5"最大值
64
关 开
0.188"
4.8
裸手 戴手套
0.75" 1.25"
19 32
最小值 0.75" 19
开
关
红色
最小值 最大值
0.25" 1.5"
6.4 38
0.125"
3.2
30°
可以用颜色标明，照亮，增加"开/关"标注
阻力
10盎司(2.8牛顿)最小值 40盎司(11牛顿)最大值
拨动开关
0.75"最小值 2"最佳值
19 51
戴手套 1.5"最小值 38
2"最大值 51
最小 0.5"值 13
30°最小值
60°最大值
最小值
1.2"(32)
2"最佳值
0.125"最小值
3
1"最大值
25.4
阻力:
小开关—10盎司(28牛顿)最小值; 16盎司(4.5牛顿)最大值
大开关—10盎司(28牛顿)最小值; 4盎司(11牛顿)最大值
指轮
建议
转缘长度
2"最小间距
50
3"戴手套
75
1"最小值
25.4
4"最大值
100
两轮之间
标记最好在单独的滚轮上
间距
最大值
0.875"
23
1"最小值 1.5"戴手套
25.4 38
0.125"最小值 建议
3
减少误操作的阻力12盎司(3.3牛顿)
板机和工具抓握
工具
0.37"~0.5"
9~13
0.2"行程
5
可以有多种变化
护指
0.56"半径
14
1.75"
45
0.56"半径
14
4.2"最小值
107
15°
平均值
1.1"最小值
28
0.5"半径
13
2.875"
73最小值
板机宽度
半径
38"半径
10
0.94"
24
0.25"最小值 0.5"最大值
6 13
操纵杆和光笔
操纵杆比光笔慢
使用光笔时更容易使人疲劳
最小值 最大值
0.25"~0.625"半径
6.5~16
1.5"最小值
38
6"最大值
152
45°最大值
开关
4.7"~7.1"
120~180
阻力
12盎司(3.3牛顿)最小值
32盎司(8.9牛顿)最大值
最小值 最大值
4.75"~9.75"
121~248
桌子前缘
0.3"~0.8"
7~20
滚球 或轨迹球
2"间隔
51
4.75"最小值 9.75"最大值
121 248
球直径
最大力量
3.6盎司(1.0牛顿)
中等力量
1.1盎司(0.3牛顿)
0.25"~1.0"
6~25
桌子的前缘
最大直径6"(152)
最佳直径2"~4"(51~102)
最小直径1"(25)

图 43 手部操纵控制

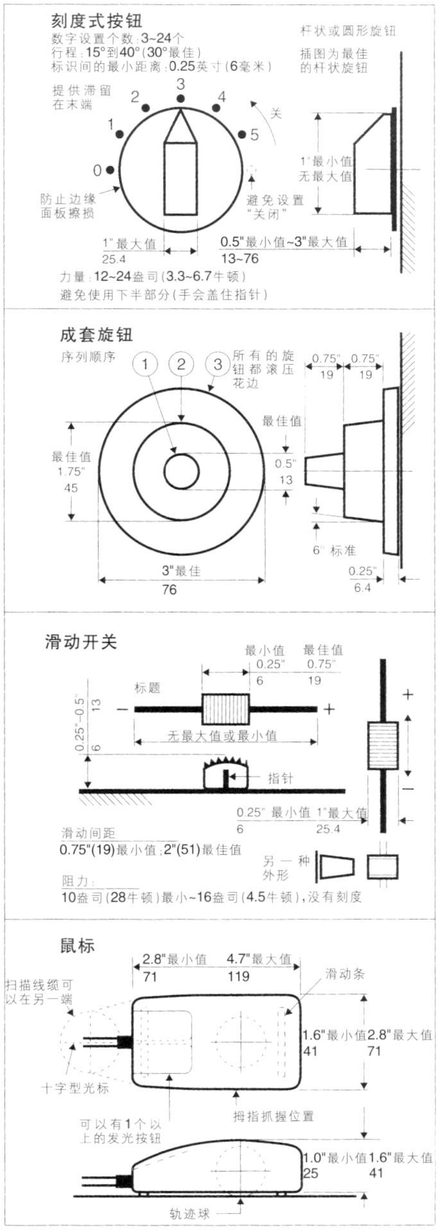

手轮

手轮适用于汽车、飞机、工具和阀门。在有大负荷处应有手指抓握槽。对于车辆来说,建议使用7~21英寸(178~533毫米)的3辐方向盘,这样提供了有利于观察仪表和路况的空间。

按钮

按钮有多种类型。尺寸为:高0.5~1英寸(13~25毫米)、长0.5~2英寸(13~51毫米),长标记可以设置在较长按钮的表面。按钮还有手掌大小的。

按钮应该能够给操作者以明确的反应,来表明控制已被激活,可以通过在执行动作时发出敏感清脆的咔嗒声来实现。

脚踏开关(push-on-push-off)感觉并不好,因为它抵偿掉了"开"的动作感受。

翘板开关(Rocker)、拨动开关(Toggle)和滑动开关(Slide Switch)

除了仪表板上必须出现的标题,按键开关在面板上有重要信息。按键开关的定位必须与拨动开关的定位方式相同:"关"一直是向下或向左。如果遵照这个规则,最简单的拨动开关也是精确的。如果使用三位置开关,它们的位置可能不太明显。现在拨动开关已采用了多种形式;比如有些安装了翻盖等等。滑动开关必须把"关"的位置放在下面或者左侧,如果滑动行程过长,将很难确定它们的状态。

指轮

难以读取的指轮,也必须将向下或向左转动时定位为关。它们方便而广泛地应用于小型收音机和音响播放器上。

扳机和工具柄

在扳机上有全部手指的攥握凹痕,对戴手套的使用者来说至少直径应为1.1英寸(27毫米)。只要保留了最小的基本尺度,其他的握把尺度可以根据用力的大小改变。

操纵杆和光笔

操纵杆的使用寿命比光笔长,而光笔更易使人疲劳,因为它需要准确地放置在目标对象上。

直径范围如下:

最大直径:6英寸(152毫米),偏移1英寸(25.4毫米)。

最佳直径:3~4英寸(76~102毫米),偏移0.8英寸(20.3毫米)。

最小直径:1.25英寸(32毫米),偏移0.4英寸(10毫米)。

计算机鼠标

鼠标范围由于取自军方的资料因而十分丰富。

长度:2.8~4.7英寸(71~119毫米)。

宽度: 1.6~2.8英寸(41~71毫米)。

厚度:1.0~1.6英寸(25~41毫米)。

最小尺寸的鼠标是最好的。另外,还有扫描设备。在这种情况下,将线缆移到后部或操纵者一侧。

脚部运动和踏板设计

参见"汽车驾驶室"一节的内容并参考插图中左侧的踏板设计。制动踏板的宽度是3英寸×4.75英寸(76毫米×121毫米),对工业用途而言这是最佳的数值。

油门踏板必须不能远离驾驶员的舒适角度。在这里,对身材矮小的女性来说,20°是最大的角度值。舒适角度的范围是为满足身材高大的男性和身材矮小女性的脚部需要来确定的。与垂线的最大角度为30°。在车速为0时处于35°;匀速前进时脚的放置角度为45°;在全速前进时,角度为55°。后者是车底板面;然而左侧的底板平面应呈45°供脚部休息。

在同一幅图里,右下角列出了99百分位数的男性和1百分位数的女性的脚部位置。图中反映了站姿和坐姿时的情况,并画出二者跖球的位置。

在此图的上面是适用于成年人和年轻人的自行车踏板,以及适用于小孩子的三轮车踏板尺寸、踏板半径和链轮的中心线。

便携式脚踏板、踏杆和双脚均可使用的踏板,两只脚都可以使用。这些经常应用在机械工具上。

操作方向

图中清晰标明了坐在控制面板前操纵的动作方向。注意:运动方向随着面板安装的位置而改变。

(本部分数据资料摘自:1981年出版的《人体比例4/5/6》;德雷福斯,1960;和军事标准1472C,1981)

插图为50百分位数的男性

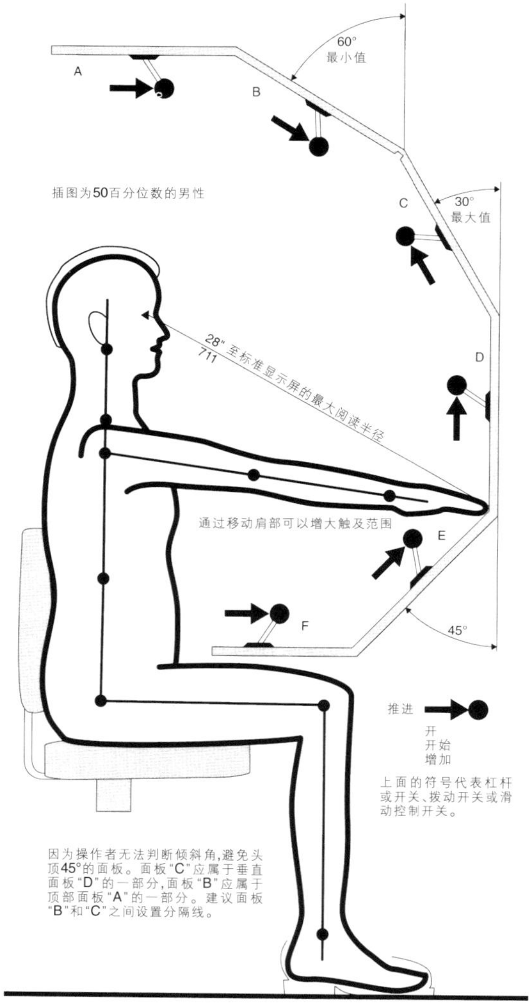

上面的符号代表杠杆或开关、拨动开关或滑动控制开关。

因为操作者无法判断倾斜角,避免头顶45°的面板。面板"C"应属于垂直面板"D"的一部分,面板"B"应属于顶部面板"A"的一部分。建议面板"B"和"C"之间设置分隔线。

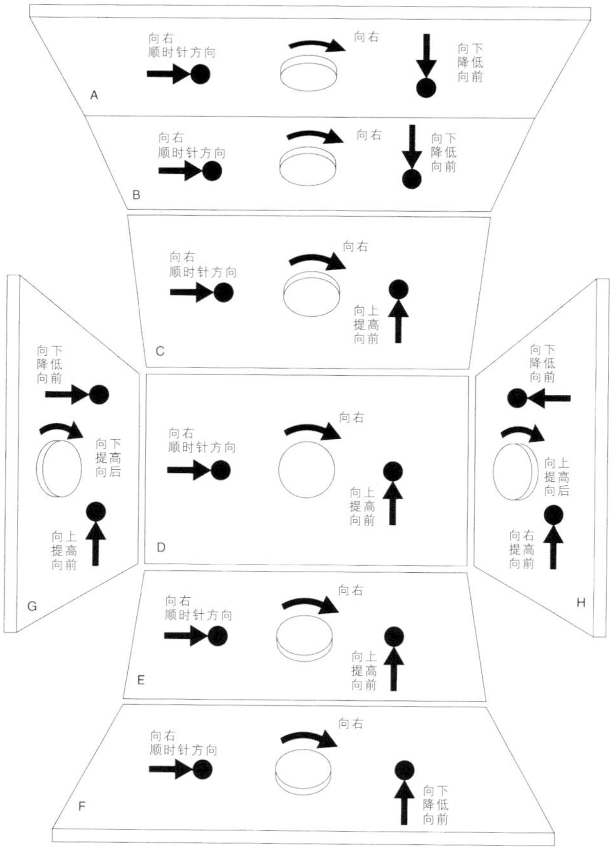

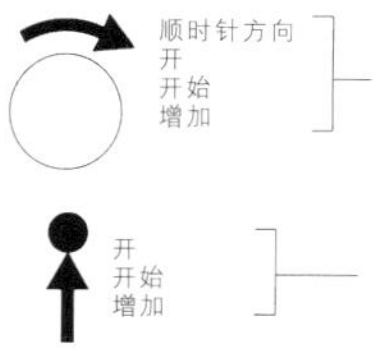

这些标题可广泛应用在上面的旋钮上,但液体和气体阀门采用顺时针方向为关闭。

这些标题可用于上面的滑动或摇动操纵杆。注意:在英国向上是"关闭"。

侧面板"G"和"H"与宽24"(610mm)的中心面板呈135°,与宽36"(915mm)的中心面板"D"呈120°。

如果操纵者转身面向面板"Y"、"Z"、"G"或者"H",必须有与中央面板"X"或"D"相同的控制按钮设置。
由于可能模糊不清,所以面板"YY"和"ZZ"上避免设置按钮。
所有的控制按钮都设在操作者的手臂前方。
水平面板可以向上倾斜30°。
侧面板要低于扶手。中央面板与桌子同高或高于椅面10"或11"用于腿部空间。
自动仪表板应遵循面板"D"的要求。
推拉控制开关通常是推代表"开"或"增加",拉代表"关"或"降低"。

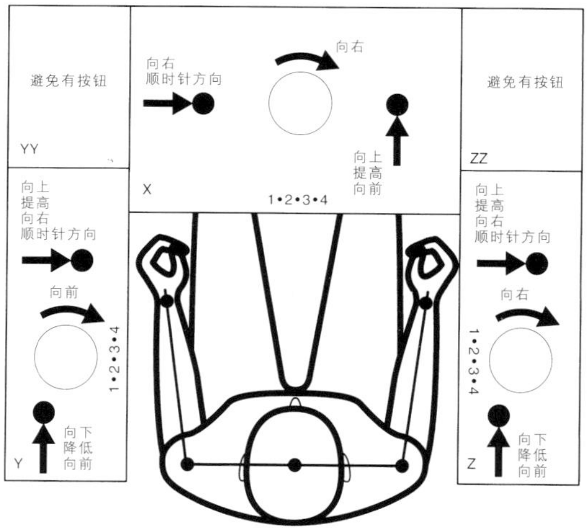

顺序开关在面板"X""Y""Z"上用1·2·3·4标出。
可以增加"开、开始、增加和顺时针方向"等标题。
可以在控制台的左侧看说明。

下面列出的是相反方向的操作说明:
顺时针—逆时针
右—左
上升—下降
向前—向后
向下—向上
开—关
开始—结束
增加—减少或关闭

图 44 手控的操作方向

环 境

噪音

噪音是有害的声音。如果噪音非常大可能会损害耳朵。由于机器设备产生噪音而导致的听力损伤是一种“职业病”。

噪音大小是用分贝(dB)来衡量的,其公式为:

$dB = 20\log(p_1/p_2)$

在此 p_1 是声音压力,而 p_2 为参考声音压力(基准声压),以年轻人能够听到的最低声音压力为基础。声压增加 10 倍,会增大 20 倍的音量。

纯声是单一的频率,但是大多数声音都包含着多种泛音。

声音是按照下列变化因素作为特征进行区分的。

◆音高,根据频率而变化。音高也会影响音量大小。

◆音量或强度(也会影响音高)。

◆音色或音质(例如乐器就是通过音色来识别的)。

◆音调,其特点是具有固定重复的波形。

◆纯音,由单一频率产出的。

◆复杂的音调,由几种不同频率产生。

◆噪音,其特点是无规则的波形。

◆白色噪音(white noise),其特点是具有大范围频率的连续频谱。

◆粉色噪音(pink noise),类似于白色噪音,但作为频率函数的频谱以每八度音 3 分贝的速度下降。

最令心烦意乱的声音包括音量超过 60 分贝的声音,有时会引起无意识的胃部收缩。其他特征有:

◆不断增大的音量;

◆高音强;

◆长时间的大音量或高音强;

◆变调——即无规则变化的声音;

◆纯音(最大 8 192 赫兹,最小为 256、512、1 024 赫兹)。

噪音对人有下列影响,并且转而又影响到较高的精神层面:

◆精神紧张;

◆易怒;

◆疲劳。

噪音有时也有作用,它可以帮助我们探知机器的操作是否正确;例如我们可以通过听音判断汽车发动机的故障。由于存在噪音的提示,我们可以发现需要采取紧急行动的情况。

可以通过下列方法将噪音降至最小:

◆变换声源的位置;

◆声学设计(考虑房间的比例);

◆采用声学手段,用于声音吸收;

◆运用减振材料,去减少金属的振动;

◆使用减振的动力源;

◆设置隔音设备;

◆为个人提供保护装具(耳塞、保护套等);

◆掩盖(例如,音乐可以掩盖住厨房的噪音);

◆保持换气扇尖端的速度不要超过每秒钟 55 英尺(16.8 米/秒),空气速度低于每分钟 1 500 英尺(27 432 米/秒)。

听力与范围

1882 年,苏门答腊附近的克拉卡托岛火山(Krakatoa)爆发,人们在 1 000 英里以外都可以听到它的声音。当然,在好儿英里以外人们就可以听到雷声。此外还要注意下列问题:

◆据报道人可以听到的最高频率为 100 000 赫兹;

◆据报道人可以听到的最低频率为 5 赫兹;

◆声音达到 160 分贝时可以杀死小动物;

◆令耳朵疼痛的声音界限(上限)为 140 分贝;

◆达到人体感觉上限的声音是耳语能量的 50 亿倍;

◆人们可以在 5 英里以外听到汽笛与机械设备的声音;

◆音乐的声音范围在大约 15~20 000 赫兹,耳朵最大的敏感范围是 500~4 000 赫兹;

◆人们可以感觉 1~30 赫兹的声音,但不能听到;

◆在一个完全无回声的房间里,人们可以听到空气分子的相互撞击;

◆在理想状态下,可以在 5 英里以外听到人的声音;

◆能够察觉到的最低声音是 5~10 分贝(能够听到声音,但听不清字);

◆可辨的最低声音是 13~18 分贝(可以从声音分辨出单词);

◆语言可以使人理解的最低声音是 17~21 分贝(词汇结合传达了意义);

◆视觉刺激物可以影响听觉的敏锐性。

听力随着年龄的增长不断丧失

◆儿童能够听到 20 000 赫兹的声音。

◆30 岁时听力最大只能达到 15 000 赫兹。

◆50 岁时听力只有 13 000 赫兹。

◆听力丧失会随着年龄的增长以固定的比率下降,每年最少为 2%~3.5%(根据音高而定)。

◆随着年龄的增长,当听力下降 45 分贝时,将难以理解直接对话的内容。

◆听力下降了 65 分贝时,就难以听到电话另一端的声音。

语音的测量

语音的范围大约为 125~5 000 赫兹。在说话时,最有力量的声波频率低于 1 000 赫兹。

◆男性声音的平均频率为 128 赫兹。

◆女性声音的平均频率为 256 赫兹。

◆谈话干扰度(SIL, Speech Interference Level)在 600 到 4 800 赫兹之间。

噪音等级及临界值

当断断续续的噪音达到105分贝时会导致听觉的损失，而持续的噪音达到94分贝这一等级时能够引起听觉的损失。100分贝的噪音可以引起暂时性的失聪。长时间处于80分贝的噪音环境中会让人感觉疲惫。45分贝的噪音会干扰到人们之间的谈话。下表列出了噪音源、噪音测定的环境及噪音的限值。

噪音源和环境	分贝
冲压发动机、涡轮喷气发动机(7 000磅推力)	120~170
75人的管弦乐队，风琴，猎枪，大型手枪	145
汽笛(100英尺)，小飞机	136
落锤，潜水艇发动机舱(全速前进)	100~130
液压机(3英尺)	128
铆钉枪(4英尺)	102~128
钢琴，锅炉房(最大)	126
气锤	107~123
头顶上方的雷声，令人感觉痛苦的刺耳的无线电广播声	110~120
针式刳孔机	104~116
圆锯	100~116
多功能喷砂器	115
履带式雪上汽车	106~113
喷气发动机检测控制室	112
自动冲床(3英尺)	110
手工加工金属板，快速杵锤厂	100~110
双重引擎飞机，4英尺的织机，行驶在高速公路上的汽车	110
冲床	96~108
錾平锤(3英尺)，木工车间	107
金属板上的带锯	106
客机内部	105
切割锯(2英尺)，木工刨床	104
编织车间	102
退火炉(4英尺)，喊叫声	100
有轨电车，地铁	95~100
风钻	92~100
罐头食品厂	98

噪音源和环境	分贝
自动车床(3英尺)	97
扩音系统	90~96
空气压缩机	92
点焊	88~92
重型卡车(20英尺)	92
城市公交，跑车，钢铁厂，火车汽笛(500英尺)	90
艇外推进机(10马力，50英尺)	88
小卡车提速(30英尺)	85
喧闹的汽车，家里开的大音量广播	80
工厂的平均值，城市中的轻型卡车(20英尺)	78
拥挤的交通(25~50英尺)	76
汽车(20英尺)	75
汽车的平均值(20英尺)，一群人的谈话	70
饭店里的容忍极限，围绕4到5英尺桌子的会议	68
交通的平均值(100英尺)	67
大型电话交换机，会计事务所	65
谈话性质的演讲(3英尺)	62
正常谈话，百货商店	60
会议室的容忍极限(有扩音器)	58
安静的街道，真空吸尘器，银行，商店，饭店	50
稀少的交通流量(100英尺)	47
商业办公室，远洋客轮	45
普通住宅的平均值	43
安静的办公室，大礼堂，教室，低噪音的街道	40
医院，帆船，小声的收音机广播	35
安静的住宅，翻阅报纸，演奏大厅	30
录音室，广播室	25
耳语(5英尺)，静谧的花园	20
学校通常的听力测试	15
电影配音室	10
听力极限(儿童)	0

机械振动

在30至50赫兹(例如敲击或者锤子之类的工具)和800赫兹(例如振动的旋转工具)振动作用下会对人体造成伤害。

损伤影响包含周身脉管疾病、神经损伤和其他软组织及骨头和关节的损伤。

雷诺氏病(Raynaud's Disease)的症状是麻木、发冷、僵硬、指尖有皮肤疼痛的感觉，以至拿不住东西；更严重的会出现，比如手足紫绀症(这种病会导致手部或者手指没有知觉，皮肤呈紫蓝色)，在寒冷的环境下症状会加重。

随着振动强度的增加，会使人心烦意乱，易怒，恶心，难以忍受的不适，若持续暴露在振动之下，会造成精神上的创伤或者身体伤害。

10到200赫兹之间的振动，远远低于影响机器性能的程度，但是对人来说却是干扰和有害的。

因为敏感性是生理和心理的共同反映，所以很难定义安全标准。身体不同的部位或多或少也都具有不同的敏感度。手与手指的感觉是敏锐的。像某些器官一样，眼睛也是非常敏感的。长时间处于30赫兹的振动之中，由于耳内主导平衡的器官——内耳前庭受到刺激，人们就会出现眩晕的感觉。25~40赫兹和60~90赫兹的振动会严重影响双眼的视觉敏感度（深度的感觉）。

低频垂直振动会降低阅读速度并需要增加照度。

一定程度的振动会减少甚至完全消除反射。站姿的人对垂直振动是最敏感的，坐姿的人对于垂直和横向振动都很敏感。当一个俯卧或仰卧的人对于横向振动感觉舒适的时候，对纵向振动却是十分敏感。

身体不同部位的自然固有频率如下：

身体部分	赫兹
耳鼓	16~20 000
头颅	300~400
下巴（与颅骨相连）	100~200
头（与身体相连）	20~30
眼球	60~90
手	30~40
整个身体（站姿）	5~12
骨盆	5~9
整个身体（俯卧或仰卧）	3~4
头和肩膀（横向的）	2~3
坐在垫子上的身体	2~3

年龄

对振动的敏感性随着年龄而降低，特别是在 50 岁以后。

性别

当长期使用电动工具时，女性的手部更容易疼痛和肿胀。例外：一些人对于振动显得过敏或更加敏感。

可以通过以下几种方式减少振动：

◆使用减振设备；

◆使用椅垫，悬挂物应具有一种自然的摆动频率（1~1.5 赫滋）；

◆安装地板的衬垫；

◆改变机械设备的振动模式。

手握工具的典型振动频率为：

工具	赫兹
牙医钻（气动）	1 500~2 000
工具马达	800
生产用手提砂轮机	350~400
便携式电锯	350
便携式手动磨床	280~350
手动抛光机，往复式	250
生产用手钻	230~225
电动刨削器	200
手动成形机	100~175
便携式环形锯	100~120
外侧马达推进器	50~75
手工刀锯	50~60
家用工具	30~60
气动工具	30~50
便携式手钻	30~40
旋转式冲击钻	30~35
旋转手持磨砂机，剖光机	16~33
电动篱笆修剪器	12~15

人与机器的对比

通过人与机器的对比获得了以下观察结果。

人的优点	
探测力	能够探寻广泛的信号范围
洞察力	可以看清复杂的情况
灵活性	能够迅速转移注意力
判断力	可以运用归纳推理，有预感
可靠性	能够在不利的环境下执行操作任务
眼睛	可以进行极其有效的观察（视觉的敏锐性）
眼/脑	可以作出逻辑判断

人的局限	
精确度	容易犯错误
速度	需要时间去做出决定和采取行动
力量	依赖于身体的部位和疲劳程度
计算能力	慢，不准确
决策能力	不是总能选择最佳的策略
信息	负担过重、压力和厌倦会影响工作状态

机器的优点	
速度	可以快速工作
精确度	可以达到较高的水平
同步性	能够在同一时间完成多项任务，包括复杂工作
重复性	特别适于重复性工作

运动

旋转木马每分钟大约转两圈，如果每分钟超过两圈,耳朵内部控制平衡的半圆形耳道会发生病变,导致脸色苍白、出汗、困倦、冷淡和行走困难等。如果每分钟旋转从两圈到五圈,常人都会出现一种到多种症状。若超过五圈，所有症状都可能会足够严重到影响他或她的安全的程度。过载(根据重力加速度计算)和身体运动结合在一起将使人更加不适,无法判断方向。

下表根据过载大小列出了横向过载对坐姿的人产生的向前加速度影响。

2G　视觉敏感度会降低。
4G　大部分的身体运动很困难。
8G　呼吸困难。
10G　头部无法抬起或肢体无法移动。
12G　需要机械辅助才能呼吸。
14G　视力丧失。

正过载对坐姿的人产生的向上加速度影响。

2G　视觉敏感度会降低。
4G　周围出现盲区并且肢体运动困难。
5G　暂时性失明,身体失控。
6G　丧失意识。

负过载对坐姿的人产生的向下加速度影响。

2G　视力降低,并且头部疼痛。
3G　关节出血而且精神混乱。
4G　有可能身体出血,视网膜出血。

正向力与负向力的忍耐极限如下：

正向的		负向的	
5G	20 秒	5G	0.5 秒
10G	2 秒	10G	0.01 秒
20G	0.15 秒		

温度

人类只能在狭窄的温度范围内生存。高温可能引起脱水并损坏生命组织，而低温可能会停止必要的生命循环和功能。安全的温度极限依赖于人同空气、水和土壤的接触。首先,考虑以下身体各点的正常温度。

小腿和脚的皮肤	80~83 华氏度(26.7~28.3 摄氏度)
胸部的皮肤	94~93 华氏度(34.4~35 摄氏度)
腰部的皮肤	95~97 华氏度(35~36.1 摄氏度)
口腔	98.6 华氏度(37 摄氏度)
直肠	99.6 华氏度(37.6 摄氏度)

读取部分人体异常范围的温度:

异常低	96~98 华氏度(35.6~36.7 摄氏度)
运动期间	100~104 华氏度(37.8~40 摄氏度)
发烧	100~106.5 华氏度(37.8~41.4 摄氏度)
致命温度	107.5 华氏度以上(41.9 摄氏度)

人体皮肤是极端敏感的。最轻的皮肤感觉能力记录为:感觉到 1 只蜜蜂的翅膀从 0.39 英寸(10mm)的距离落到面颊上。皮肤的主要感觉为疼痛、寒冷、温暖和压力,其他的感觉包括潮湿、怕痒、发痒和粗躁。

手、脚或中性皮肤区域测量皮肤温度,可以归纳以下数据。

手

冻僵(麻木)	50 华氏度(10 摄氏度)
令人疼痛的寒冷	50~59 华氏度(10~15 摄氏度)
可忍受的凉爽	59~68 华氏度(15~20 摄氏度)

脚

冻僵(麻木)	55 华氏度(12.8 摄氏度)
令人疼痛的寒冷	55~64 华氏度(12.8~17.8 摄氏度)
可忍受的凉爽	64~73 华氏度(17.8~22.8 摄氏度)

皮肤

凉爽	88 华氏度(31.1 摄氏度)
令人舒适的凉爽	91 华氏度(32.8 摄氏度)
舒适	93 华氏度(33.9 摄氏度)
温暖	94 华氏度(34.4 摄氏度)
令人不适的温暖	96 华氏度(35.6 摄氏度)
热	98 华氏度(36.7 摄氏度)

不同温度的固体或水与皮肤接触时可以出现如下特征。

寒冷(会造成组织破坏)	低于 50 华氏度(10 摄氏度)
冰冷的固体	37~54 华氏度(2.8~12.2 摄氏度)
冰冷的水	低于 65 华氏度(13.3 摄氏度)
微温的水	65~90 华氏度(13.3~32.2 摄氏度)
温水	90~98 华氏度(32.2~36.7 摄氏度)
温热的固体	91~95 华氏度(32.8~35 摄氏度)
热水	98~105 华氏度(36.7~40.6 摄氏度)
非常热的水	105~115 华氏度(40.6~46.1 摄氏度)
烫水	高于 115 华氏度(46.1 摄氏度)
燃烧(会造成组织破坏)	120~140 华氏度(48.9~60 摄氏度)
60 秒内造成 2 度烧伤	160 华氏度(71.1 摄氏度)
30 秒内造成 2 度烧伤	180 华氏度(82.2 摄氏度)
15 秒内造成 2 度烧伤	212 华氏度(100 摄氏度)

人的身体在120华氏度(48.9摄氏度)的环境温度最多能忍受1小时。

直接接触环境的温度对人的影响如下：

可忍受/反应范畴	环境的温度
最多裸体暴露16分钟	32华氏度(0摄氏度)
最多裸体暴露1小时	40华氏度(4.4摄氏度)
四肢僵硬	50华氏度(10摄氏度)
最多裸体暴露3小时	60华氏度(15.6摄氏度)
冬天舒适的区域	63~71华氏度(17.2~21.7摄氏度)
最舒适的温度	63~75华氏度(17.2~23.9摄氏度)
夏天舒适的区域	65~75华氏度(18.3~23.9摄氏度)
较轻体力劳动的范围	65~80华氏度(18.3~26.7摄氏度)
身体疲劳	75华氏度(23.9摄氏度)
最好的工作状况	80华氏度(26.7摄氏度)
反应迟钝	85华氏度(29.4摄氏度)
长时间在外暴露的最大值	90~94华氏度(32.2~34.4摄氏度)
可以忍受1小时	120华氏度(48.9摄氏度)
可以忍受30分钟	160华氏度(71.1摄氏度)
不超过8分钟	240华氏度(115.6摄氏度)
10秒以下	500华氏度(260摄氏度)

高于下列最大温度的极限会对人体的组织带来伤害：

热水澡	110华氏度(43.3摄氏度)
水	115华氏度(46摄氏度)
蒸汽浴	120华氏度(48.9摄氏度)
金属(抓握)	122华氏度(50摄氏度)
金属(接触)	140华氏度(60摄氏度)
热空气(例如:干燥器)	140华氏度(60摄氏度)
非金属(抓握)	144华氏度(62摄氏度)
非金属(接触)	185华氏度(85摄氏度)

化学伤害

有毒的物质会在各种程度上影响生命细胞，这种影响依赖于温度、累积作用、慢性反应、浓度以及何时和怎样爆发。当然，个人的健康状况和抵抗力也是重要因素。

化学物质可以3种方式伤害人体：

①通过接触吸入或吸收；

②通过皮肤接触吸收；

③通过胃和肠道等的接触或吸收而摄取。

前两种最常见于工业，第3种中毒事故时常发生于家庭里。有害的物质常常会通过呼吸、排泄和排尿从身体中排出；有时也可以通过汗液排出。有些化学物质可以迅速导致死亡；有一些物质，如铅，会被储存和累积在身体组织里。

有3种类型的中毒伤害：

①急性：由于快速吸收导致的严重损伤，无论延迟与否(如癌症)；

②亚急性：由于数小时或数天的重复暴露；

③慢性：由于持久的吸收和累积。

足以致命的毒物基本剂量如下：

极其有毒	品尝1格令(grain，0.065克)
高毒性	1茶匙(4毫升)
中等毒性	1盎司(30克)
轻微毒性	1品脱(0.473升)
实际无毒	1夸脱(0.946升)
相对无害	超过1夸脱

通常，化工物质能够破坏身体的不同部位，参见下例。

脑或中枢神经系统的破坏：

乙醛、苯、丁基胺、二硫化碳、四氯化碳、二甲基苯胺、硫化氢、铅、锰、汞、硝基苯、四乙铅和铊。

伤害眼睛：

乙酸酐、丙烯荃、氯化苄、正丁醇、甲酚、对苯二酚和醌。

破坏上呼吸道黏膜：

乙醛、乙酸酐、丙烯醛、正丁醇、铬、硫酸二甲酯、硫化氢、臭氧。

伤害肺部：

烯丙基氯、石棉、铍、结晶二氧化硅、铬、二氯乙基醚、硫化氢、云母、镍、二氧化氮和滑石。

伤害心脏：

苯胺。

损害肝脏：

四氯化碳、三氯甲烷、甲酚、硫酸二甲酯、四氯乙烯、甲苯、三氯乙烯和氯乙烯。

损害肾脏：

三氯甲烷、硫酸二甲酯和汞。

损害血液：

苯胺、砒素(如砷化三氢)、苯、一氯化碳、硝基苯和甲苯。

伤害皮肤：

正丁醇、镍、苯酚和三氯乙烯。

辐射伤害及光谱

现在人们开始对了解更多的放射性危害物质感兴趣。有三种基本的具危害性的放射性物质：

①电离放射性物质(α、β、γ 和 x 射线)；

②非电离放射性物质(无线电波、微波、红外线)；

③可见光(赤、橙、黄、绿、蓝、紫)。

α 和 β 波能极大破坏人体组织。γ 和 x 射线可造成生物机体损伤。无线电波、微波、红外线和电线中携带的交流电也可伤害机体。放射剂量的测量单位是“雷姆”(rem，roentgen equivalent man，人体伦琴当量)。许多自然中的放射性物质放射量低于 1 毫雷姆(mrem)。

每年人均吸收放射剂量如下：

来源	毫雷姆(mrem)/年	占总量比重%
地球上的岩石，土壤，水，等等	57.00	28.10
来自太空、太阳和宇宙的放射性物质	43.00	21.20
磷酸盐、人造肥料	5.00	2.50
原子辐射微尘(试验)	5~8.00	4±
发电使用的原子能	0.28	0.14
医学治疗、x 射线等等	90.00	44.30
消费品、手表盘面	0.03	0.01
总数	203.00	100.00

注：美国人吸收的大约一半放射性剂量来自于人造放射源。

在放射性环境下工作的人允许每年有 5 000 毫雷姆的剂量用于日常工作。在几分钟内吸收 200 000 毫雷姆剂量的放射性物质会导致恶心、呕吐、腹泻。在几分钟内吸收 500 000 毫雷姆剂量的放射性物质会产生相同的症状，暴露在此剂量下的人会在不到两个月的时间死掉一半。更大的剂量可迅速杀死任何人。

颜色

牛顿将光线射过棱镜，并通过折射将其分解成了不同颜色。“光谱”(spectrum)在拉丁语中意指彩虹的形象：赤、橙、黄、绿、蓝、紫颜色之间没有明显的分界线。后来，人们发现光谱上红色光下面有红外线传播(infra 在拉丁语中的意思是“低于”)；再后来，人们又发现紫色光上面有紫外线(ultra 在拉丁语中的意思是“超过”)。

道路安全中的颜色编码

提供给驾/乘车者的信号颜色如下：

◆红色代表停止(在一些国家，红灯时允许右转)；

◆橙色代表警告和正在施工；

◆绿色代表通行；

◆黄色代表安全区域；

◆蓝色代表学校。

铁路使用的颜色编码

铁路的行业规范规定以下颜色的应用：

◆红色代表“危险”和“停止”；

◆紫红色代表“停止”；

◆黄色代表“小心前进”；

◆绿色代表“一切正常，通行”；

◆蓝色代表“注意，有人在施工”。

危险工业品的颜色编码

在有毒和其他有害物质上都贴有颜色标签，含义如下：

◆白底红字代表有毒物质、易爆品和有毒气体；

◆绿底黑字代表压缩空气；

◆红底黑字代表易燃液体和烟火；

◆黄底黑字代表易燃固体和氧化材料；

◆白底黑字代表酸性物品。

工业安全中的颜色编码

在工作环境中，下列颜色用于表示危险物质：

◆红色代表消防设施和盛放易燃液体的容器，用于路障灯和机械设备上的停止按钮；

◆红白相间用于铁路交叉口的栅栏门；

◆橙色代表警报，用于机器上带有切割、碾压、撞击等功能的危险部分；

◆明黄代表警告，用于交通道路，黄底黑色条纹用于特殊警告；

◆绿色代表安全，用于急救设施；

◆蓝色表示警告和正在维修中的设备(通常代表“勿用”的意思)；

◆紫色用于代表放射性危险品；

◆黑白相间用于交通道路和家务管理的标记。

气体系统中的颜色编码

气体设备通常有以下的颜色编码：

◆黑色代表压力增强(由升压机产生)；

◆红色代表供压(由空气压力带动)；

◆间断的红色代表充压和减压；

◆黄色代表计量流量(控制气体流量)；

◆蓝色代表排气装置(将动力气体返回空气中)；

◆绿色代表通风口(低于大气压，例如，压缩机上的通风口)；

◆停用的管道不标颜色(气压循环，暂无功能)。

水利系统中的颜色编码

水利设施采用以下颜色标志：

◆黑色代表压力增强(由升压机产生)；

◆红色代表供压(由液体的压力带动)；

◆间断的红色代表充压，也代表减压；

◆黄色代表计量流量(控制液体流量)；

◆蓝色代表排出装置（将动力流体返回到贮水池)；

◆绿色代表通风口(低于大气压，例如，水泵上的通风口)，绿色还表示排水管(使液体返回贮水池的漏水控制)；

◆停用的管道不标颜色(系统内还存有流体，但暂无功能)。

识别管道的颜色编码

管道系统的颜色标志如下：

◆红色代表喷水的主干管道和上水管；

◆橙色或黄色代表输送危险物质的管道（例如，酸、碱、氯气、氨水、硫磺二氧化物)或高温高压物品(例如，水蒸气、高压水和空气)；

◆黑色、白色和灰色，或者铝的颜色代表安全物质；

◆浅蓝色代表降低了危害性的危险材料(例如，经过滤的水、有毒气体的解毒剂)，用于代表除防火之外的所有防护材料。

操控装置中的颜色编码(美国海军雷达)

下列规范适用于海军设备，例如雷达操控面板：

◆红色代表收到信号(旋转式控制旋钮)；

◆橙色代表调谐(旋转式控制旋钮)；

◆黄色代表范围(指示旋钮)；

◆绿色代表标记(手指曲柄)；

◆蓝色代表强度(旋转的控制旋钮)；

◆紫色代表焦距(旋转的控制旋钮)；

◆白色代表调光器(旋转的控制旋钮)；

◆灰色代表方位(手指曲柄)。

注：努力将颜色控制在六种以内，并且将颜色编码与外形编码结合运用。

心理学中的颜色编码

颜色通常与感情或者意义表达相联系。这里举一些重要的例子：

◆红色：火焰、危险、停止、激动、攻击、爱；

◆橙色：热、橙汁、南瓜、万圣节前夕；

◆黄色：太阳、欢乐、温暖、警告；

◆绿色：自然、植物、通行、圣·帕特里克节(St. Patrick's Day)；

◆蓝色：天空、水、凉爽、竞争胜利；

◆紫色：悲伤、高贵、神圣、复活节；

◆灰色：中性、海军、迟钝、郁闷、阴暗；

◆白色：纯洁、结婚、雪(在中国象征死亡)；

◆黑色：悲伤、拘泥形式(晚礼服)。

高校中的颜色编码

在学术背景中，确立了以下色彩关系：

◆鲜红代表神学；

◆紫色代表法律；

◆蓝色代表哲学；

◆黄色代表自然科学；

◆白色代表艺术和文学；

◆橙色代表工程学；

◆绿色代表医学；

◆粉色代表音乐。

食品中的颜色

某些颜色能够引起人的食欲：桃红色、橙色、明黄色、浅绿色、朱红色、红色、棕色和褐色。淡的色彩，像淡粉色、浅蓝色或淡紫色最适用于精制的甜点。

因为大部分食品的颜色趋于暖色调，建议使用暖色灯光(白炽灯)，避免冷色光照明(荧光灯)。

颜色的可见度

许多因素例如距离会影响准确地辨别颜色：

◆从远距离看，暗黄色在雪地上最为明亮；

◆橙色和橘红色最能吸引人的注意；

◆蓝色可能较模糊和朦胧。

接近于视觉极限的小而明亮的光线比其他光线更易于辨认：

◆红色、绿色和某些蓝色光线最易于辨认；

◆白色光线次之；

◆黄色光线和橙色光线最不易辨认。

许多颜色的光线在远距离很难看清：

◆在远距离无法分辨蓝色和绿色的光线；

◆在远距离无法分辨黄色和橙色的光线。

颜色环境

我们在不同环境中看到的颜色不是一成不变的，它会依赖于下列因素：

◆曝光时间；

◆周围环境的颜色；

◆原有的固定色；

◆光源。

我们首先看到红色和橙色，因为红色和橙色反射到眼睛里的光线影响了眼睛的焦距并产生了远视效果。绿色和蓝色使眼睛近视，因为这些颜色向后退了。黄色和紫色在反射影响中属于中性，既没有前进也没有后退。

一般来说，暖色(红色、粉色、黄色和橙色)在人生的早期是最重要的；成熟之后，蓝色、红色和绿色开始占据优势。

我们不是以同一种方式来观察颜色。从事色彩研究的人可能知道更多的颜色知识，尤其是曾经学习过著名的孟塞尔色卡(Munsell Color Chart)的人。

对眼睛来说颜色有三个主要的形式：纯色（任何色彩）、白色、黑色。同时还有一些次要的形式：

某一色彩+白色构成浅色调；

某一色彩+黑色构成暗色；

白色+黑色构成灰色；

某一色彩+灰色构成灰暗色调。

视觉的原色是红、黄、绿和蓝。但是光线的原色是红、绿、蓝。基本的色素是红（品红）、黄和蓝（青）。

明亮的环境适用于宽敞、动态的环境，并且在这种环境中强烈的颜色更占优势。而在进行精神或身体方面工作的地方最好采用柔和与深沉的颜色。温和的色彩多用于温带地区，而不用在热带地区。

给墙面刷上颜色可以补充提高人们的气色；然而如果光线被这些颜色反射回来，人的气色就会受到影响。白色容易反光，并且容易变脏；因而可使用灰白色。灰色可与任何颜色相协调。

建议在活跃的区域使用柔和的色彩，使用浓重的色彩用以强调和刺激。

据说有一千万种不同的颜色。许多人只能见到8~12种。至少25%的人看到的颜色与其他大多数人所看到的颜色不同。通过实践和训练可以提高颜色的辨识能力。男性中，有3.5%为色盲，不能准确地看到重要的颜色信号。而女性中仅有0.2%的人是色盲。16~35岁的人能够最准确地辨识颜色。儿童和35岁以上的人辨色能力就会稍差一些，从55岁开始人的颜色分辨能力急剧下滑。随着年龄的增长，眼睛中蓝色成分在增加。许多66岁以上的人很难分辨出黄色和蓝色。

灯光

有六种基本的灯光或灯光特质类型。

①直射灯光的放置需能避免眩光。将眩光程度最小化的方法是使用凹槽式蛋篓形状的漫射扩散器或增加遮光物。

②间接光源可以营造令人愉悦的灯光效果。然而，对于顶部照明来说，需要白色的顶棚并消耗更多的电力。

③漫射灯光适用于高顶棚，但有可能造成眩光。

④半间接的灯光形式提供了一种折中方式，将柔和的直射灯光与漫射灯光相结合是经济的运作方式。

⑤通过光导纤维将透照灯光传递到需要照明的显示区。

⑥背景照明可以用于一些显示区，从屏幕后面显示投影。

光源

光源有许多种类，下面有五种。

①白炽灯呈淡红色，非常令人心情愉悦。它们提高了肉类的色调，进而提升了食物的外观。

②荧光灯为直线形或圆形灯管，通常呈蓝色，最好使用温暖的白色。荧光灯的寿命是白炽灯寿命的3~4倍，以热能形式流失的能量较少。

③黑光（不可见的紫外线光）能产生荧光，并使含有磷光的颜料发光，最适合用于黑暗的环境。

④红光适用于需要适应黑暗的地方。适应黑暗是指长时间处于黑暗环境中眼睛敏感性的增加。在昏暗的光线下，眼睛能清楚地发现红色的标志。红色光的狭小范围接近于人视力的中心，这也是它应用于军事装备的另一个原因。在正常光线下，机器设备上应使用黑底白字。

⑤高压气体放电灯（HID，high-intensity discharge，又称“氙气灯”）的寿命较为持久。下面是三种基本的类型。

A.汞灯为蓝白色光，由于缺少红色，汞灯会使颜色的表现失真（例如，红色和面部肤色的表现不能令人满意）。400瓦的汞灯能量输出率是14.6%。

B.金卤灯与汞灯类似，只是添加了卤化物（铊、铟、钪或镝），金卤灯发白光。400瓦的金卤灯能量输出率是20.6%。

C.高压钠灯透过可见光谱辐射，主要发出红光和黄光，产生一种有益于表现脸色与食物色彩的金-白色光线。400瓦的高压钠灯能量输出率是25.5%。因为高压钠灯效率高，效果令人满意，在道路两旁和运动场内高压钠灯正逐步取代汞灯的地位。高压钠灯还能降低红色危险光线的影响，使植物四季照常生长。

建议人工照明标准

下面是一些工作的最低照明标准。这些数值适用于正常的和矫正视力好于20/30的年轻人。第一个数值是英尺烛光(fc)，第二个数值是勒克斯值(lx)。

家庭	英尺烛光	勒克斯
读书，学习	30~70	320~750
写作（用铅笔）	70	570
缝纫，手工或用机器（低数值是针对白衣服，高数值是针对黑衣服）	50~200	540~2 150
厨房水槽周围	70	750
厨房柜台	50~150	540~1 600
洗衣工作	50	540
工作台	70~200*	750~2 150
洗衣机，干洗机，游戏	30	320

* 用于制造珠宝时采用。

办公室	英尺烛光	勒克斯
簿记	150	1 610
打字	70	750
整理档案	70	750
会议室	30	320
接待室	20	220
走廊	20	220
起草(低标准,针对较粗糙的工作;高标准,针对较精细的工作)	150~200	1 610~2 150

学校	英尺烛光	勒克斯
黑板	150	1 610
课桌	70	750
书刊上的图片	70	750
体育馆	30	320
礼堂	15	160

电影院	英尺烛光	勒克斯
休息室(大厅)	20	220
中间休息	5	54
放映期间	0.1	1

工业	英尺烛光	勒克斯
进行精密的手工电弧焊	1 000	10 750
优质机械的加工和检查	1 000	10 750
优质机械的加工	500	5 380
半成品机械加工	100	1 080
粗制品机械加工	50	540
金属片(雕合)	100	1 080
钢铁和金属片制作	50	540
油漆混合与匹配	200	2 150
接收和运送	10	110

仪器	英尺烛光	勒克斯
商业机器,计算器,数字输入等	50~100	540~1 080
控制面板,控制台	30~50	320~540
刻度盘	30	320
仪表	30~50	320~540
量表	50	540
天平	30~50	320~540
分为 64 等分的刻度盘	180	1 930

医学	英尺烛光	勒克斯
手术台	2 500	26 850
紧急手术	2 000	21 500
牙科	1 000	10 750
检查室	50~100	540~1 080

火车	英尺烛光	勒克斯
进餐区	50	540
读书	30	320
通道,台阶	10	110

白天照明标准

光线情况	英尺烛光	勒克斯
阳光直射(中午)	6 000~8 000	64 500~87 000
阴影(中午室外)	100~1 000	1 080~10 750
舒适地读书(中午的阴影下)	200	2 150 最小值

对比度

下列信息是保守值,确保安全使用。设计者可以根据建筑、场所等情况加以调整。

◆建议天花板上采用无光的白色顶棚,用以提高反射。

◆地面反光最好在 20%~25%。

◆建议墙面的反射系数大约在 50%~60%,但是由于兴趣或实用的目的某一墙面的反射系数可以为 20%~40%。

◆机器、设备、家具、办公桌等反射系数最好在 20%~40%之间。

对比度是指两种不同表面的亮度间的关系。高对比度有助于识别，低对比度利于营造放松和宁静的环境。

◆营造放松的环境,最大对比度为 3:1。

◆工作环境和近旁环境之间的最大对比度应为 3:1(例如,书本页面的反射系数和桌面反射系数之间的对比)。

◆工作环境和相隔较远的环境之间最佳的对比度为 5:1。

◆建议室内最大对比度为 10:1。一面清亮的玻璃窗和相邻墙的对比度可以达到 20:1，但这会是很刺眼的环境。

◆户外的正常对比度大约是 40:1（当遇到直射或反射太阳光时会超出这个数值）。

◆白色绘图纸上的黑墨迹对比度达 1:18，可视性非常好。在这种对比度下读书容易引起疲劳,因此要么使用灰黑色的油墨,要么给纸张着一点色,或者两者共同采用。

◆打印纸上打印出的文字对比度为 1:8。

◆用柔软的铅笔在白色绘图纸上写字，对比度大约为 1:3。

◆可识别的最小对照比率为 1:2。

反射系数

室外及建筑材料	%
白色石膏	90~92
白色建筑玻璃	75~80
白色陶瓦	65~80
雪(新)	74
雪(旧)	64
石灰石	35~65
混凝土	40~55
浅色砖	48
白色大理石	45
深黄色砖	40
深红色砖	30
水泥	27
植被(平均)	25
沙岩	18
蓝石(铺筑材料)	18
绿石(铺筑材料)	17
柏油与碎石(铺筑材料)	15
沙砾	13
板岩	6.7~8.0
湿地	7
深色草坪	6

布料	%
白色亚麻(淡色)	81
白色棉布	65
红色棉布(双胺快红)	44
黑色棉布(双胺)	33
蓝色羊毛	25
蓝色法兰绒	17.5
蓝色亚麻(海军蓝)	17
黑色羊毛	12
黑色天鹅绒	1.8

纸	%
纯白	85
白色油污	82
白色素描	70~80
中质白	75
浅灰	73
浅白	70
粉红	60
浅黄	60
新闻用纸	55
中灰	45
深灰	20
巧克力棕	20
橄榄绿	15
哑光黑	5
深蓝	3.5
硬铅笔线	45
软铅笔线	25
油墨	15
黑墨水	4
黑丝绒	0.4

木材	%
白桦和山毛榉	35~50
白色木材(无花纹)	45
枫树	42
椴木	34
青橡树	25~35
英国橡树	17
胡桃树	16
黑胡桃树	5~15
深色橡树与樱桃树	10~15
红木	12

玻璃和塑料	%
镜子	80~90
变形塑料	75~85
白色建筑玻璃	75~80
反光玻璃	20~30
干净玻璃	7
有色玻璃	7
黑色建筑玻璃	5

金属表面	%
银(高亮度)	90~92
金属化	75~85
黄铜(明亮)	75
铝(磨光的)	67~70
钢(镀锌)	69
铝漆	60~70
铜(明亮)	65
镍(磨光的)	60~65
铬(磨光的)	61~62
不锈钢(明亮)	55~65
铝(粗糙)	55~60
黄铜(磨光粗制)	52~55
铬	50~55
黄铜(灰暗)	35
铜(灰暗)	35
不锈钢	25~30
马口铁	25~30
钢(明亮)	25
浇铸或镀锌的铁	25

内表面的颜色	%
灰暗或平滑的白色	75~90
奶油或蛋壳	79
浅粉,浅黄	75~80
象牙色	75
浅绿,蓝色或浅紫色	70~75
浅米和浅灰	70
柔和的粉红色和浅桃色	69
粉红色	64
杏黄	56~62
棕褐色或金黄色	55
浅灰	35~50
中绿色	44
黄绿	45
中蓝	42
暗金色和南瓜藤色	34
玫瑰红	29
可可棕和紫红色	24
中绿和蓝色	21
中灰	20
深棕和深灰	10~15
橄榄绿	12
深蓝和深绿	5~10
森林绿	7
铝漆	60~70

重颜色	%
白(漫射)	80
深红	14~22
红	21~31
橙色	38~48
黄	60~65
黄绿	42~46
饱和绿	24~32
蓝	17~23
紫罗兰	12~14
紫红色	16~23

各种光线的开式(Kelvin)色温

开氏温标是将标准的黑色物体加热到呈现一定颜色，与一定的色温相匹配。下面的开氏温度数值减去273.15就是摄氏度。

光源	开氏温度
蓝天的色温	10 000~30 000
有雾时的天空	7 500~8 400
白天特殊的荧光	7 500
特殊的滤光后的钨灯	7 450
高速电子像管	7 000
外太空的太阳光	6 800~7 000
晴天中午的太阳光	6 500
白天用的荧光灯	6 500
蓝光灯	6 000
上午10点—下午3点直射的太阳光	6 000
夏天直射的太阳光	5 800
400w 水银灯	5 690
400w 金卤灯	5 200
白天的蓝灯	4 800
冷白色荧光灯	4 000
白色荧光灯	3 600
白色的反射泛光	3 400
柔和的白色荧光灯	3 350
黄褐色的闪光灯	3 200
照相的溢光灯	3 200~3 400
500w 的映射灯	3 175
暖白色荧光灯	3 100
1 000w 炽热钨灯	3 000
500 w 炽热钨灯	2 950
60 w 炽热钨灯	2 800
室内白炽灯	2 500~3 000
烛光	1 500~1 800
炽热的金属	800~900

彩色摄影胶卷就是根据不同的色温设计的。日光型胶卷接近6 000 K，室内使用型为3 400 K。

反应时间

反应时间受不同因素影响而变化，如下图所示：

通过感官感受	秒
触摸	0.11~0.15
发烧	0.15~0.22
疼痛	0.70~1.00
听	0.12~0.22
闻	0.29
尝	0.20~1.10
看	0.15~0.20
关注	0.165
无焦点地将视线移动40度	0.10

通过年龄	秒
5岁	0.40
10岁	0.30
20岁	0.20
30岁	0.22
40岁	0.25
50岁	0.38
55岁	0.35
60岁	0.50

反应时间与性别有关系：男性在声音和光线方面的反应比女性快0.1秒。

反应时间与肢体有关系：脚的反应时间比手慢20%。

惯用右手的人，其左手反应比右手慢3%。

反应时间随训练和实践而变化，可缩短10%。

反应时间与信号特征也有关系。最短的信号周期是0.2秒，0.1秒的信号周期太短，会减少40%的反应时间。

下面是飞行员在雾中看到有飞机逼近时所用的反应时间：

①飞行员觉察飞机(眼睛移动)	0.3秒
②截取图像(感知)	0.6
③选择行动路线(决策)	0.5
④飞行员移动操纵杆(反应)	0.3
总计反应时间：	1.7秒

如果两辆架飞机以每小时400英里的速度相对飞行，则每名飞行员在相撞前仅有1 000英尺的距离，这段距离的飞行时间刚好是1.7秒的反应时间。

附 录

单位换算

长度换算

1 英寸(inch)=25.4 毫米(mm)
1 英寸(inch)=2.54 厘米(cm)
1 英尺(foot)=304.8 毫米(mm)
1 英尺(foot)=30.48 厘米(cm)
1 英尺(foot)=0.304 8 米(m)
1 英里(mile)=1.609 公里(km)

面积换算

1 平方英寸(in^2)=6.45 平方厘米(cm^2)
1 平方英尺(ft^2)=0.093 平方米(m^2)
1 英亩(acre)=0.405 公顷(ha)

容量换算

1 立方英尺(in^3)=0.028 3 立方米(m^3)
1 立方码(cubic yard)=0.764 立方米(m^3)
1 美式加仑(gallon)=3.785 升(l)
1 美式夸脱(quart)=0.946 2 升(l)
1 升(l)=1 000 毫升(ml)
1 升水的质量是 1 千克(kilogram)

重量换算

1 盎司(ounce)=28.35 克(g)
1 千克(kilogram)=1 000 克(g)
1 美国短吨(ton)=0.907 2 公吨(ton)

力量换算

1 盎司力(ozf,ounce force)=0.728 牛顿(N)
1 磅力(lbf)=4.448 2 牛顿(N)

扭矩换算

1 盎司力·英寸(ozf·in)=0.007 06 牛顿·米(N·m)
1 磅力·英尺(lbf·ft)=1.355 8 牛顿·米(N·m)

压力与应力换算

1 磅/平方英寸(psi)=6.895 千帕(kPa)
1 磅/平方英寸=0.006 895 兆帕(MPa)

功或能量换算

功等于力乘以距离。在公制单位中，功的单位是焦耳(J)，它的定义是 1 牛顿的力使物体沿力的方向移动 1 米所做的功(1 焦耳=1 牛顿·米)。

1 英国热力单位 (BTU,British Thermal Unit)=1.055 千焦(kJ)

1 小卡(cal)=4.187 焦(J)
1 大卡(kcal)=4.187 千焦(kJ)

功率换算

功率是做功和耗能的比率。功率的单位是 W，等于 1 焦耳/秒(J/s)。

1 焦耳/秒(J/s)=1 牛顿·米(N·m/s)
1 英国热力单位=0.293 1 瓦特(W)
1 英尺磅力/秒(ft lb f/s)=1.356 瓦(W)
1 马力(hp)=0.745 7 千瓦(kW)
1 马力定义是 550 英尺磅力/秒。

时间和角度换算

角度以度计量，除非使用十进制来代替分秒（例如，采用 6.55°，不用 6°30'30"）。

时间和角度是公制单位中唯一使用 60 进制而不是十进制的单位。

温度换算

公制单位中的热力温度单位是开尔文(K)。

1 开氏度(°K)=摄氏度(℃)+273.15
1 华氏度(°F)=9/5 摄氏度(℃)+32
1 摄氏度=5/9(华氏度-32)

光线换算

1 英尺烛光(cd f)=10.764 勒克斯(lx f)
1 英尺朗伯(fl)=3.426 烛光/平方米(cd/m)
1 朗伯=3 183.1 烛光/平方米(cd/m)

比例

美国通常采用的绘图比例尺和它们与公制的大致关系：

美制 1/8 比例尺=公制 1/10 比例尺
美制 1/4 比例尺=公制 1/5 比例尺
美制 1/2 比例尺=公制 2/5 比例尺
美制全尺寸=公制全尺寸

缩写

adj, **adjust**: 调整
alt: 可选择的
approx: 大约
avg: 平均
C: 摄氏度
cal: 卡路里
cap: 容积
¢: 中线
C.G: 重心
cir: 周长
clear: 空间
cm: 厘米
CRT: 阴极射线管，示波器
ctr: 中点
d, **dia**: 直径
dB: 分贝
dist: 距离
°: 度
eff: 效率
e.g.: 例如
elec: 电
eng: 工程
equip: 设备
f: 女性，力
F: 华氏度
fc: 英尺烛光
ft: 英尺
fwd: 向前
g: 克
G: 重力
hgt: 高度
horiz: 水平的
HP, **Hpt**(**hip pivot point**): 臀轴点
hr: 小时
Hz: 赫兹(频率)
IES(**Illuminating Enginerr Society**): 照明工程协会
in, **"**: 英寸
incl: 包括
K: 开尔文
kcal: 千卡
kg: 千克
km: 千米
km/h: 千米/时
l: 左
L: 升
lav: 洗手盆
lb, **lbs**: 磅
lbf: 磅力
LCD: 液晶显示器
LED: 发光二极管
lg: 长度
lm: 身材高大的男性
lw: 身材高大的女性
lx: 勒克斯
m: 男人，男性，米
ma: 毫安
max: 最大值
mil: 军队
min: 最小值，分钟
mL: 毫升
mm: 毫米
mo: 月
mph: 英里/小时
m/s: 米/秒
N: 牛顿
no: 数字
opp: 相反的
opt: 最佳值
ozf: 盎司力
ppm: 百万分之
%: 百分比
%ile: 百分位数
pref: 建议值
r, **rad**: 半径
rect: 矩形
ref: 参考值
req'd: 需要
rt: 正确
rpm: 每分钟转数
SD: 标准偏差
SI: 国际单位制(公制)
SIP: 椅面标定点
sm: 身材矮小的男性
sq: 平方
SRP: 椅面参考点或面
std: 标准
sw: 身材矮小的女性
sys: 系统
t: 力矩
ver: 垂直
w: 宽度，女性
W: 瓦特
wc: 轮椅，卫生间(厕所)
wt: 重量
yr, **yrs**: 年

人体工程学术语

腹部深度(Abdominal depth):盆腔中段平面腹部曲线的最前点。

外展(abduct):从身体轴线或身体的一部分伸展开。

肩峰(Acromion):肩膀骨头侧面边缘的最高处(用作肩膀高度)。

内收(Adduct):向身体内部收敛。

前部(Anterior):身体的前部。

耳廓(Auricular):外耳部分。

腋下(Axilla):腋窝。

二头肌(Biceps):上臂前部的大块肌肉,大腿后部的大块肌肉。

眉脊(Brow ridge):眉毛覆盖的骨脊。

乳点(Bustpoint):胸部右侧最凸点。

臀部突出(Buttock protrusion):屁股右侧最凸点。

小腿级别(Calf level):最大小腿周长时的高度。

颈部(Cervicale):脖子根部脊柱骨的最大骨凸。

嘴角(Cheilion):上下嘴唇相连的嘴角处。

锁骨(Clavicle):肩胛骨和胸骨的连接部位。

冠状平面(Coronal plane):中平面右侧任一角度的垂直平面。

发际线(Crinion):发线与前额的交点。

皮唇(Cutaneous lip):上唇与鼻子之间的区域。

指尖点(Dactylion):中指指尖。

三角肌(Deltoid muscle):肩膀区域内上臂外侧的大块肌肉。

末梢(Distal):离躯干最远的身体部分的末端。

背部(Dorsal):手或脚的背面。

外眼角(Ectocanthus):上下眼睑相连形成的外角。

上髁(Epicondyle):肱骨或股骨末端突出的骨头。

伸展(Extend):扩展肢体的角度。

外部(External):远离躯体的中心轴。

股骨上髁(Femoral epicondyles):股骨末端任何一侧骨突起。

股骨(Femur):大腿骨。

弯曲四肢(Flex):减少四肢的伸展角度。

法兰克福平面 (Frankfurt plane): 头部的标准定位,由耳孔线和眼窝下边缘所确定并形成的水平面。

前额平面(Frontal plane):同冠状平面。

眉间(Glabella):在眉脊之间,头部前缘中心线的最前点。

臀沟(Gluteal furrow):臀部与大腿连接部分的沟。

下颚角(Gonial angle):下颚后面的钝角。

耳轮(Helix):耳朵外侧圆形的部分。

肱骨上髁(Humeral epicondyles):肱骨末端两侧骨头凸出的部分。

肱骨(Humerus):上臂骨。

伸直过度(Hyperextend):四肢或身体的某一部分过度延伸。

髂嵴(Iliac crest):股盆骨头的顶部边缘。

下面(Inferior):低于身体其他部分或在其之下。

内接缝(Inseam):用于表明袖子或裤腿内部长度的服装术语。

枕外粗隆(Inion):头部最后面的小块骨凸起。

坐骨 (Iscbia): 在骨盆底部两骨结节, 它支撑着60%的人体坐姿重量。

指关节(Knuckle):指骨与掌骨之间的指关节(指骨和掌骨)。

喉(Larynx):气管上部,包含发声的薄膜。

侧面的(Lateral):靠近或面向于身体的侧面。

侧髁(Lateral malleolus):侧面突出于脚腕的骨凸起。

股外侧肌(Lateral vastus muscle):从膝盖骨到臀部大腿外侧的大块肌肉。

踝(Malleolus):脚腕每侧的骨凸起。

下颌骨(Mandible):下巴较低处。

乳突骨(Mastoid):耳后直接凸出的骨头。

中部(Medial):靠近或面对着身体中线。

股内侧肌(Medial vastus muscle):从膝盖骨到臀部大腿内侧的大块肌肉。

掌骨 (Metacarpal): 在手腕和手指之间较长的手骨。

跖骨(Metatarsal):角踝和脚趾之间较长的足骨。

下巴颏(Menton):中平面上下颌顶点。

正中矢状平面(Midsagittal plane):将身体分为左右两等份的垂直平面。

鼻根底部凹陷(Nasal root depression):在鼻梁处的凹陷。

鼻中隔(Nasal septum):在鼻孔之间的隔膜。

舟骨(Navicular bone):手指末端到腕关节弯曲处,拇指一侧的小块骨头。

枕骨区(Occipital region):头部后侧。

眼睛(Occular):有关眼睛的。

枕骨(Occiput):构成颅骨后侧基础支撑的骨。

鹰嘴(Olecranon):肘部的骨尖。

肚脐眼(Omphalion):肚脐中心点。

眼眶(Orbit):眼凹处。

掌中(Palmar):手掌里面。

髌骨(Patella):膝盖骨。

骨盆(Pelvis):骨盆各块骨头的组合。

指骨,趾骨(Phalanges):手指和脚趾骨。

人中(Philtrum):嘴唇和鼻中隔间的纵沟。

足底(Plantar):脚底的。

膝腘区(Popliteal area):膝盖后面的腿后部区域。

背部(Posterior):身体的背后。

鼻尖(pronasale):鼻子的最前端。

近端(Proximal):靠近身体躯干的肢体末端。

桡骨(Radius):在拇指一侧的前臂骨。

分支(Ramus):下颌骨的垂直部分。

矢状(Sagittal):身体的中矢状平面或与之平行的平面。

肩胛骨(Scapular):肩膀的扁平部分。

袖孔(Scye):服装术语,指服装袖口。

鼻根点(Sellion):鼻根下最大的凹陷处。

脚跟(Sphytion):脚中间胫骨最末端的膨胀。

脊椎(Spine):后背骨,由脊椎构成。

胸骨(Sternum):胸部的骨头。

口裂点(Stomion):在中间平面上,上下嘴唇的接触点。

高于(Superior):上面或较高的。

在上(supra):位于之上或上面的前缀。

跗骨(Tarsus):脚踝连接处骨头的总称。

甲状软骨(Thyroid cartilage):喉结(Adam's apple on men)。

胫骨(Tibia):胫骨。

耳屏点(Tragion):耳屏上部V字形的凹槽。

耳屏(Tragus):在耳洞前面的小片软骨。

横断面(Transverse plane):通过身体的水平面,与中平面和前平面呈直角。
三头肌(Triceps):在上臂后面的肌肉。
股骨大转子的最高点(Trochanterion):靠近股骨端部的侧面骨凸起的顶端。
尺骨(Ulna):在胳膊前臂上小指一侧的骨头之一。
脐(Umbilicus):腹部的凹陷处(肚脐),在这里通过脐带与母亲相连。
腹部(Ventral):躯干的前部。
脊柱(Vertebra):脊椎骨。
头顶(Vertex):头部顶点。
腰部 (Waist): 通常在腰带区域, 或 “中腰”(natural waist)。
颧弓(Zygomatic arch):沿着两颊,几乎到耳的拱形骨头。

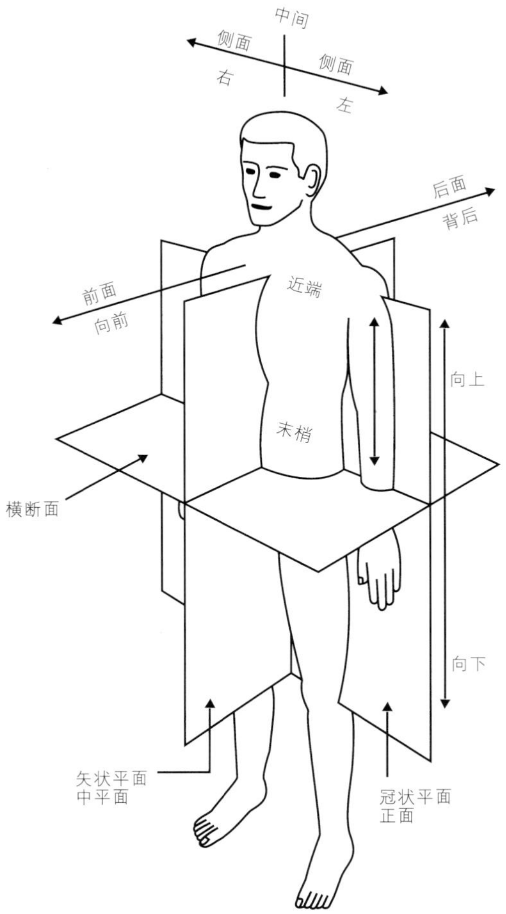

人体解剖平面与定位

参考文献

American Institute of Architects. (2000). Architectural Graphic Standards, 10th ed. New York: John Wiley & Sons.

Badler, N., Phillips, C., and Webber, B. (1993). Simulating Humans: Computer Graphics Animation and Control. New York: Oxford University Press.

Bradtmiller, B. and Annis, J.(1997). Anthropometry for Persons with Disabilities: Needs for the Twenty-First Century. Washington, D.C.: U.S. Architectural and Transportation Barriers Compliance Board (available from: http://www.access-board.gov/research&training/ Anthropometry/anthro.htm).

Burnette, C. and Schaaf, W.(1998). Issues in using jack human figure modeling software to assess human-vehicle interaction in a driving simulator.Transportation Research Record, vol. 1631, pp. 1-7.

Casey, S. M.(1989). Anthropometry of farm equipment operators. Human Factors Society Bulletin, vol. 32, no. 7.

Color News, 30 October 1989.

Daanen, H. and van de Water, G. (1999). Whole body scanners. Displays, vol. 19, no. 3, pp. 111-120.

Deason, V.(1997). Anthropometry: The human dimension. Optics and Lasers in Engineering, vol. 28, pp. 83-88.

Diffrient, N., Tilley, A. R., and Bardagjy, J. C. (1974). Humanscale 1/2/3. Cambridge: The MIT Press.

Diffrient, N., Tilley, A. R., and Harman, D. (1981). Humanscale 4/5/6. Cambridge: The MIT Press.

Diffrient, N., Tilley, A. R., and Harman, D. (1981). Humanscale 7/8/9. Cambridge: The MIT Press.

Dreyfuss, H. (1960). The Measure of Man—Human Factors in Design. New York: Whitney Publications.

Grandjean, E. (1987). Ergonomics in Computerized Offices. Philadelphia: Taylor & Francis.

Greiner, T. (1990). Hand Anthropometry of U.S. Army Personnel. Document no. AD -A244 533. Natick, Mass.: U.S. Army Natick Research, Development and Engineering Center.

Hertzberg, H. (1995). Some contributions of applied physical anthropometry to human engineering. Annals of the New York Academic of Science, vol. 63, pp. 616-629.

Human Factors Society.(1988). American National Standard for Human Factors Engineering of Visual Display Terminal Workstations (ANSI/HFS 100-1988). Santa Monica, CA.

Jones, P. and Rioux, M.(1997). Three-dimensional surface anthropometry: Applications to the human body. Optics and Lasers in Engineering, vol. 28, pp. 137-155.

Kroemer, K. H. E., Kroemer, H. J., and Kroemer-Elbert, K. E. (1990). Engineering Physiology: Bases of Human Factors/Ergonomics. 2nd ed. New York: Van Nostrand Reinhold.

Linney, A., Campos, J., and Richards, R.(1997). Non-contact anthropometry using projected laser line distortion: Three-dimensional graphic visualization and applications. Optics and Lasers in Engineering, vol. 28, pp. 137-155.

McConville, J. and Robinette, K. (1981). An alternative to percentile models. Transactions, vol. 90, pp. 938-946.

Meunier, P., Tack, D, Ricci, A., Bossi, L., and Harry, A. (1997). Helmet accommodation analysis using 3D laser scanning. Applied Ergonomics, vol. 31, pp. 361-369.

MIL-STD 1472C.(1981). Human Engineering Design Criteria for Military Systems, Equipment, and Facilities. Washington, D.C.: U.S. Department of Defense.

The Military Handbook: Anthropometry of U.S. Military Personnel(1991). Document no. DOD-HDBK-734A. Washington, D.C.: Department of Defense.

NASA. (1978). Anthropometric Source Book. NASA Reference Publication 1024. Washington, D.C.: U.S. National Aeronautics and Space Administration.

Neuferr, E. (1970). Architect's Data. Hamden, CT: Archon Books.

Nielsen, J.(1993). Usability Engineering. Boston: Academic Press.

Panero, J. and Zelnik, M. (1979). Human Dimension & Interior Space, New York: Whitney Library of Design.

Papalia, D. E. and Wendkos-Olds, S. (1989). Human Development. New York: McGraw-Hill.

Paquette, S., Brantley, J., Corner, B., Li, P., and Oliver, T.(2001). Automated extraction of anthropometric data from 3D images. Natick, Mass.: U.S. Army Soldier Biological and Chemical Command (available for download from http://arn.iitri.org/docs/scan/systems/paquette.html).

Pheasant, S. (1986). Bodyspace: Anthropometry, Ergonomics and Design. Philadelphia: Taylor & Francis.

Pheasant, S. (1996). Bodyspace: Anthropometry, Ergonomics and the Design of Work, 2nd ed. Bristol: Taylor & Francis.

Purcell, W. F. H. (1980). The human factor in farm and industrial equipment design. Proceedings from winter meeting of the American Society of Agricultural Engineers, Published by ASAE, St. Joseph, MI.

Roebuck, J. (1995). Anthropometric Methods: Designing to Fit the Human Body. Santa Monica, Calif.: Human Factors and Ergonomics Society.

Society of Automotive Engineers.(1975). Anthropometry of U.S. infants and children. SP-394, Paper no. 750423. New York.

Society of Automotive Engineers.(1977). Anthropometry of infants, children and youths to age 18 for product safety design. SP-450, Warrendale, PA.

Stoudt, H. W. (1981). Anthropometry of the elderly. Human Factors Society Bulletin, vol. 23, no. 1.

U.S. Consumer Product Safety Commission. (1989). Regulations for toys and children's articles. Title 16, Code of Federal Regulations. Washington, D.C.

U.S. Department of Health, Education, and Welfare.(1966). Weight, height, and selected body dimensions of adults: United States, 1960-1962. Vital and Health Statistics, Series 11, no. 8. Washington, D.C.: U.S. Government Printing Office.

U.S. Department of Health, Education, and Welfare. (1979). Weight and height of adults 18-74 years of age: United States, 1971-1974. Vital and Health Statistics, Series 11, no. 211. Washington, D.C.: U.S. Government Printing Office.

U.S. Department of Housing and Urban Development. (1972). A Design Guide for Home Safety. Washington, D.C.: U.S. Government Printing Office.

U.S. Department of Justice. (1991). Americans with disabilities act-Title Ⅲ. Federal Register [28 CFR Part 36], vol. 56, no. 144. Washington, D.C.: U.S. Government Printing Office.

White, R.(1978). Anthropometry and human engineering. In Yearbook of Physical Anthropology 1978 (vol. 21, pp. 42-62). New York: American Association of Physical Anthropologists.

White, R. (1982). Comparative Anthropometry of the Foot. Document no. TR-83/101. Natick, Mass.: U.S. Army Natick Research, Development and Engineering Center.

Whitestone, J. and Robinette, K. (1996). In Head-Mounted Displays: Designing for the User. Melzer, J. and Moffitt, K., eds. New York: McGraw-Hill.

Woodson, W. E. (1981). Human Factors Design Handbook. New York: McGraw-Hill.

Woodson, W., Tillman, B., and Tillman, P. (1992). Human Factors Design Handbook. New York: McGraw-Hill.

相关网站

Anthrotech: http://www.anthrotech.net/bibliography.htm

CAESAR: http://www.sae.org or http://www.hec.afrl.af.mil/cardlab

CARD LAB/CAESAT: http://www.hec.afrl.af.mil.cardlab.who.html

Cyberware: http://www.cyberware.com/index.html

D. Fomenti's Anthropology Links: http://www.unipv.it/webbio/dfantrop.htm# ANTHROPOMETRY%20 (LIVING}

Defense Technical Information Center: http://www.dtic.mil/

Department of Defense Single Stock Point for Military Specifications, Standards, and Related Publications: http://www, dodssp.daps.mil/

Department of Trade and Industry, UK: http://www.system-concepts.com/ETC/dtidata.html

DLA-ARN program: http://arn.iitri.org/

Eyetronics: http://www.eyetronics.com/

Hamamatsu: http://usa.hamamatsu.com/default.htm

Human Factors Science: http://www. ergogero.com/pages/HFLinks.html

Human Systems Information Analysis Center: http://iac.dtic.mil/hsiac/

Jack: http://www.cis.upenn.edu/~hms/jack.html or http://www.ugs.com/products/eai/products/jack/

Materials and Engineering Department, Reliability Engineering Program: http://www.enre.umd.edu/hfs&h.htm

NIST Child Anthropometry site: http://www.itl.nist.gov/iaui/ovrt/projects/anthrokids/ncontent.htm

PeopleSize 2000: www. openerg.com/psz.htm

RAMSIS: www.hs.tecmath.de/english/ramsis eng.shtml

SAE: http://www.SAE.org

Safework: www.safework.com

TC2: http://www.tc2.com/Home/Home.htm

TecMath: http://www.tecmath.de/html/english/index e.shtml

Telmat: http://www.telmat-net.fr/index-eng.html

Total Contact: www.totalcontact.com

Vitronic: http://www.vitronic.com/

Wicks and Wilson Ltd.: http://www.wwl.co.uk/triform.htm

精品图书推荐：

建筑经典系列：

《华夏意匠—中国古典建筑设计原理分析》

《图解建筑词典》

《设计结合自然》

《以人为本的规划尺度》

《世界建筑史》

建筑教程、设计辅导系列：

《建筑学教程1：设计原理》

《建筑学教程2：空间与建筑师》

《建筑：形式、空间和秩序》

《设计与分析》

《设计思考》

《景观建筑概论》

《从学生到建筑师：执业生存手册》

建筑文化系列：

《建筑的艺术观》

《室内设计哲学》

《金屋、银屋、茅草屋：人类营造舒适家居生活简史》

《完美的帕拉迪奥住宅》

《建筑的表情》

建筑技术系列：

《设计结合模型——制作与使用建筑模型指导》

《建筑的生与灭：建筑物如何站起来》

《建筑的生与灭：建筑物为何倒下去》

《设计中的男女尺度》

《认识现代木建筑》